琼崖文库 一

陈植◎编著

海南岛资源之开发

琼崖文库编辑委员会

主　　编 / 韩少功
副主编 / 王景霞
编　　委 /（以姓氏笔画为序）

　　　　王景霞　王献军　孔　见　刘复生　阮　忠
　　　　孙绍先　苏　斌　辛世彪　张兴吉　金　山
　　　　周伟民　郑行顺　单正平　赵康太　倪俊明
　　　　唐玲玲　蒋子丹　韩少功　詹长智

琼崖文库编辑出版小组

组　　　　长 / 王景霞　苏　斌
常务副组长 / 刘　逸
副 组 长 / 杨　武（特约）
成　　　　员 / 郑　爽　陈　霞　孙丽娟　杨国祥　熊　果
　　　　　　　符向明　马俊波　桂书方　甄翊灵
装帧设计 / 海　凝

出版说明

"琼崖"是海南岛的古称，至今犹且习用。琼崖文化是中华民族文化的一部分，既有农业文化的深耕，也有海洋文化的厚积；既有草根文化的繁茂，也有精英文化的丰硕，且以南疆、热带、海岛、多民族等特色而璀璨古今。明朝时期海南人文鼎盛，曾有"海外衣冠胜事"之美誉；近代以来琼崖人士更相投身社会变革，留下了许多利国利民的篇章。同时，海南以其独特的地理区位、富饶的自然资源、与内陆有别的社会发展轨迹，一直吸引着海内外研究者的目光，存有丰富的研究成果。

《琼崖文库》作为海南省政府专项资金支持的重大地方文化出版工程，旨在对海南自古代至近现代有价值的典籍、著作、史料及其他文献资料进行一次全面的发掘、搜集、整理并陆续出版，以资阅读和研究，以期有助于本土文化资源的积累和保存。兹将有关事项说明如下：

一、《琼崖文库》分甲、乙、丙、丁四编。

甲编，收录历代琼籍人士的专著、文集及其他著述。

乙编，收录历代旅琼和涉琼社会名士有关海南的诗文、游记、见闻录、人物传记及其他著述。

丙编，收录近现代国外人士有关海南的述录，如田野调查报告、学术研究、游记、见闻录、人物传记、影像资料等。

丁编，收录海南历代史志、典章及其他各类重要文献。

二、《琼崖文库》的入编标准原则上为1950年以前的典籍、著作、史料及其他文献资料；1950年以后面世的研究海南历史文化的专门著作，亦视其学术价值适当收入。琼籍当代著名学者、作家的著作，亦将适当选编。

三、对于古代文献资料和文人著作，除就文字讹误作适当勘正外，均保持其历史原貌。对于近现代旧籍和史料，含翻译作品，亦保留其时代原貌，只在必要处适当说明。

四、对内容均不作注释，需要说明的问题均以校记或译记的方式处理。

五、入编作品经点校，均以简体汉字横排刊印。个别字书如潘存《楷法溯源》则例外，以繁体汉字竖排或影印出版。

六、我社曾于2003年后陆续出版《海南地方志丛刊》及《海南先贤诗文丛刊》，所载入104种著作均应为本文库所包含，其重版暂且延后。

竭诚欢迎各界专家和读者批评指正。

海南出版社

盡人力以盡地利

立夫

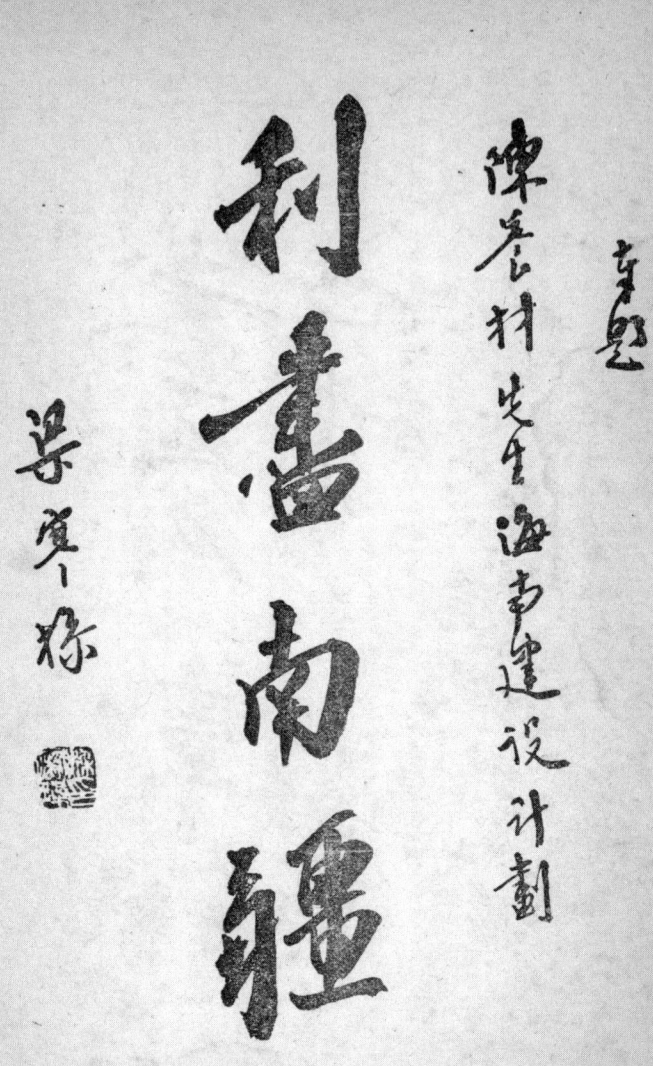

陳登科先生海南建設計劃

利薄南疆

梁寒操

前 言

张兴吉

抗日战争胜利后，基于海南在抗战中惨遭日寇的蹂躏，民生凋敝，资源荒废，又鉴于海南优越的地理、资源地位以及在未来国家重建中的作用，国内有识之士再次发出开发海南岛的呼声。因之对海南岛的研究再次进入一个高潮期，出现了一系列的海南岛研究著作。就总的情况而言，抗战后出现的海南调查著作的最大特点是吸收了战前海南岛研究的资料，其次是大量引用了抗战时期日本人的对海南岛的调查成果，其在深度与广度上都有进步，也极大地推动了后来的海南岛研究。

总体而言，受抗战胜利后国内政局的影响，上述著作中，也存在一些不足：其一是缺乏实地调查的第一手资料，而比较明显地因袭了战前海南调查的资料；其二是对抗战中海南的情况的研究，过于依赖日本人的调查与成果，也缺乏与战前的社会情况的深入对比研究。因此，战后的这些主要依据文献汇集而成的著作，描述性的成分居多，与战前的海南岛调查研究有着很大的差距。

在战后海南岛研究诸多的著作中，我国著名林学家陈植先生的著作可谓独树一帜，取得了很大的成就。日本投降后，陈植先生受国民政府委派，到海南岛从事接收工作。有感于海南建设的需要，他特有的接收大员的身份以及他对于海南岛战略地位的认识，促使他利用战前海南岛的调查资料，辅之以抗战时期日本人调查海南岛的资料，加上自己的亲身调查与看法，在较短的时间内，以一己之力，写成了海南岛研究的系列著作。其内容之丰富，介绍之全面，立论之持平，堪称海南历史著作中的名著。

首先我们介绍一下陈植先生的生平与主要学术经历。

陈植（1899—1989），字养材，江苏崇明人（今上海市崇明区）。父亲是小学校长。他7岁入私塾，后入公立小学读书。1914年于崇明第一高小毕业，同年，考入江苏省立第一农校的林科。1918年东渡日本，进入东亚高等预备学校学习日语，1919年进入日本东京帝国大学（今东京大学前身）农学部林学科造园研究室，专攻造林学和造园学。他勤奋读书，成绩优异，为导师本多静六博士所赏识。1922年大学毕业后返回祖国。在江苏第一农业学校任教，后任江苏教育团公有林（后改为江苏教育林）技术主任、场长。以后数十年，陈植先生一直从事与林业教育、学术研究有关的工作。抗战爆发以前，他曾在中央大学、河南大学等大学的农学院任教，历任副教授、教授、院长等职。抗战爆发后，陈植先生转入后方，1937年，在云南大学农学院任教。抗战胜利后，1947年8月，任中山大学农学院教授。新中国成立后，在南昌大学农学院林学系任教授。1952年转任华中农学院林学系教授。1955年转入南京林学院（今南京林业大学）。1989年病逝。

享年九十岁。

陈植先生一生致力于造园科学及林业遗产的研究,已出版的专著达20多部,各类文章数百篇。他在二三十年代编著、撰写的《都市与公园论》《造园学概论》等著作,都是中国造园科学的扛鼎之作。在云南大学农学院任教期间,他完成了《中国木本植物名志》这一名著。他还留意中国古老的造园艺术,对明末著作的中国造园名著《园冶》进行了详尽的注释,在其晚年出版了《园冶注释》。他晚年坚持撰写的《中国造园史》,在其去世后的2006年出版。

陈植先生不仅是个科学家,同时,也是个科学精神的实践者。他在1926年担任孙中山陵园(当时一般称为"总理陵园")设计委员,直接参与了中山陵的园林建造。他还设计了我国最早的国家公园的规划《国立太湖公园计划》。

陈植先生的一生中,在海南生活的时间并不长,却和海南结下了很深的渊源。抗日战争胜利后,1946年11月,陈植先生作为林业方面的专家,受命与当时的国民政府农林部农事司司长张远峰(时任华南区接收特派员)作为海南岛农林方面的特派员,一同到海南岛接收当地的农林机构。在日本侵占海南岛期间,所谓的"海南岛农林开发"与"矿产开发"是日本人"海南岛开发"的两大支柱,参与开发的日本公司多达六十多家,资金也多达数亿日元。海南岛的接收工作历时三个月,1947年5月,国民政府农林部决定成立农林部海南岛办事处,机构设在海口市。陈植先生受命出任办事处主任,在海南整理农林机构。同时,他还兼任华南区海洋渔业督导处的主任。在海南时期,鉴于海南岛农林开发的重要性,他还倡议建立海南的高级农业学校。他建言当时的教育部长朱骝先，在他的推动下，1946年11月，国民政府教育部批准成立国立琼山农业高级职业学校。这所学校在1947年8月开办，此前一个月，陈植先生就不再担任上述两个办事处主任的职务。

《海南岛资源之开发》一书的出现，是和当时国内有识之士对于海南岛的看法有着密切关系的。在海南期间，陈植先生在接收以及整理海南农林机构的过程中，开始进行实地调查与研究，收集了大量的资料。他还撰写了《琼州农林机构接收报告书》，虽然他只负责海南岛农林机构的接收，但是在这部报告书里，却对国民政府对于海南岛接收的各个方面都有详尽的介绍。在广泛收集了海南岛的多种资料后，他撰写了近10篇有关海南岛农、林、渔、牧各业开发的论文，陆续在《东方杂志》上发表，呼吁开发海南岛，并提出了具体的开发主张。此后，在多篇论文与调查资料的基础上，他编写了《海南岛资源之开发》（1948年由正中书局出版），此后又撰写了《海南岛新志》（1949年由商务印书馆出版）。

对海南社会的全面、细致的描绘，要以20世纪30年代的《海南岛志》（陈铭枢总纂）最为知名，其后到日本投降之时这段时间里，虽然也不乏海南岛研究的著作，但没有与《海南岛志》相并称者。换言之，此后近20年，对海南社会的全面描述有所缺失。陈植先生的《海南岛新志》，内容、篇幅虽不及《海南岛志》，但还是被学界看作是《海南岛志》的续篇，就是因其填补了30年代末到日本投降时海南岛社会历史的空白。而我们面前的这部《海南岛资源之开发》，正是《海南岛新志》的前篇。

陈植先生作为接收人员到达海南岛之后，首先与日方人员，特别是技术人员中的高层有很多的接触，比如他与当时日本海军特务部的总监、部长等主要人员都有交流。在编写此书之前，鉴于海南岛开发需要具体的技术支持，陈植先生想到了利用当时日本的技术人员，为海南岛未来的开发做一个全面的设计。毋庸讳言，在抗战的七年间，日本在海南岛的各类机构进行了深入细致的调查，收集到了很多第一手的资料。在当时的条件下，使用它们来做这样的计划，的确是一个很好的选择。陈植先生说在这个计划中，除了农林部分是他自己的见解外，其他都是日方专家的成果。此后他携带这些计划书返回南京，向国民政府有关部门反映情况。

本书有几个特点是值得我们注意的：

一是上面提到的，此书是在作者全面进行实地调查，收集资料基础上形成的成果。编写此书时，陈植先生作为中国方面海南岛农林接收的负责人，与日方的移交人员有很多的直接接触，因而有机会更多地了解海南岛的实际情况，也在一定程度上听取了日方的移交人员中技术人员的经验介绍。从这个意义上说，他的资料与思路更加开阔，不是一般的日文资料的汇编或者摘录，如果将《海南岛资源之开发》中的资料与看法，与同时期的使用日文资料的著作相比，则《海南岛资源之开发》更胜一筹。

二是关于海南岛产业发展的全方位思考，陈植先生有着自己独特的思考与清晰的结构体系。出于对海南岛未来发展的期望，在此书中，他对于当时国民政府的海南岛政策，基本上是持批评的态度。他大声疾呼立即进行海南岛的建设，全面揭露了国民政府在海南岛接收中的混乱，指出了不当的接收对于海南岛建设所造成的危害。从这些细致的、客观的记述中，我们就可以看到战后海南岛的真实情况。为了推进海南岛开发，他还在战后不久，比较早地再次提出了海南建省的建议。他大声疾呼海南建省，这也代表了当时学界对于海南岛地位认识的新高度。

三是此书所涉及的内容广泛而且翔实。上面提到了，此书的编著是在日方专家的计划书之上进行的，因为各方面的专家为陈植先生所指定，其具体的实施细节是很完备的。即使是比较日据时期有名的、论及海南岛开发的《海南岛建设论》，其实施的结构也更加完整，更具有可行性。同时，此书可以说全面地阐述了当时海南岛的产业分布与发展情况，与当时同类的海南岛产业开发的书籍相比，此书的范围更广，资料也更翔实。

四是抗战胜利后，国内学者撰写的各种海南岛著作中，使用日文资料的情况很是普遍。这一时期大量的日据时期日本方面编制的各类海南岛资料陆续被公布。这些资料多出自日本专业技术人员之手，当然有很高的资料价值，同时，日本海军特务部利用军事占领下的行政资源，进行了全面而细致的调查。民国时期海南岛调查中，类似的水平，也仅《海南岛志》一书可与之比肩。但这类资料书籍，主要是使用了日文的资料，而缺乏更深入的思考。比如20世纪50年代在香港出版的《海南资源与开发》（吉章简编著），也是利用了保存在台湾的日文资料，但细致程度较《海南岛资源之开发》有很大的差距。

在战后的众多海南岛研究著作中，《海南岛资源之开发》《海南岛新志》深为学界所重视，原因何在？可能有二：其一是陈植先生的资料，直接得自日本技术人员之手；其二是陈植先生自身的学养与实地的调查——特别是他不断地使用日文资料中的各类数据，通过战前与战后数据的对比，清楚地为我们勾勒了战后海南岛社会中的问题。这些是当时同类著作中所不及的。

那么《海南岛新志》与此书有什么样的关系呢？

可以说二者的关系还是很密切的。

其一是在资料、内容上有很多的交叉。主要体现在对于抗战时期日本人的"海南岛开发"以及战后海南社会情况的记述上。比较两书，就会发现，部分的文句甚至也是相似的。

其二，是两者有着承继的关系。《海南岛新志》显然受到了《海南岛资源之开发》原有框架的影响。一些内容比较单薄，比如"行政"一章，仅有海南岛层面的介绍，而对于各县的行政情况，几乎没有涉及。

当然两书也有差异，主要体现在指向上，即《海南岛资源之开发》主要是汇总了当时的海南产业情况，而《海南岛新志》是仿照《海南岛志》编写的一部志书，所以导致两者体例上有所不同，在内容上也必然有所差异。

据《海南岛新志》序中说：《海南岛资源之开发》还有个名字叫做《海南岛开发计划》。正因为两书间有密切的关联，所以使用本书时，如能与《海南岛新志》对比使用，就可结合两书之长，对抗日战争中日本人的经济、政治活动，对战后国民政府关于海南岛的政策的变化，以及海南社会的发展有一个更清晰的认识。

此书中曾提出了一个相对完整的"海南岛二十年开发计划"，期于在二十年内，实现海南社会根本性的转变。其热望如此，我们作为后人，作为也曾历经海南社会发展起伏跌宕的后人,每读到这部70年前的著作,思绪难免波动,心潮由不得自己而激荡。我想,这正是此书的感人之处,也是此书将来会流传下去的原因吧。

目　录

陈序 /1

翁序 /3

罗序 /5

自序 /7

第一章　总论 /1

　　第一节　开发本岛之主要理由 /1

　　第二节　劳力补充应取之途径 /3

第二章　重要资源之调查 /8

　　第一节　农林资源 /8

　　第二节　地下资源 /23

　　第三节　盐资源 /32

　　第四节　轻工业资源 /34

　　第五节　重要水力资源 /37

第三章　农林计划 /39

　　第一节　农业 /39

　　第二节　农产加工业 /59

第三节　农田水利及开垦事业 /61
　　第四节　林业 /83
　　第五节　畜产业 /93
　　第六节　水产业 /102
　　第七节　农林研究 /110
第四章　开矿及制铁计划 /112
　　第一节　已开矿山概况 /112
　　第二节　矿山开采计划 /116
　　第三节　制铁业计划 /120
第五章　盐业及其附属化学工业计划 /124
　　第一节　绪言 /124
　　第二节　挽救目前盐业危机之对策 /124
　　第三节　新式盐田建设方略 /126
　　第四节　结论 /135
第六章　工业计划 /136
　　第一节　农业机械及其制造修缮 /136
　　第二节　造船工业 /137
　　第三节　窑业 /140
　　第四节　轻工业 /143
第七章　电气事业计划 /162
　　第一节　绪言 /162
　　第二节　计划 /163
第八章　电信事业计划 /170
　　第一节　绪言 /170
　　第二节　电信事业五年计划之目标 /170
　　第三节　经费问题 /171

　　　　第四节　岛内通信 /171

第九章　铁路事业计划 /183

　　　　第一节　既成铁路 /183

　　　　第二节　计划铁路要点 /184

　　　　第三节　营运计划 /199

　　　　第四节　电气化计划 /199

第十章　公路桥梁及汽车运输业计划 /201

　　　　第一节　公路桥梁计划 /201

　　　　第二节　汽车运输事业计划 /208

　　　　附　海南岛公路建设规程草案 /210

第十一章　内河运输计划 /243

　　　　第一节　本岛内河概况 /243

　　　　第二节　航运现况 /243

　　　　第三节　计划概要 /245

　　　　第四节　参考资料 /251

第十二章　港湾及海运业计划 /257

　　　　第一节　榆林港修筑计划 /257

　　　　第二节　八所港修筑计划 /259

　　　　第三节　海口港修筑计划 /261

　　　　第四节　清澜港修筑计划 /263

　　　　第五节　白马井港修筑计划 /264

　　　　第六节　莺歌港修筑计划 /266

　　　　第七节　新村港修筑计划 /267

　　　　第八节　乌场港修筑计划 /268

　　　　附　主要材料劳工表 /270

　　　　第九节　航运业计划 /273

第十三章　都市计划 /275
　　第一节　绪言 /275
　　第二节　海口都市建设计划 /277
　　第三节　嘉积都市建设计划 /281
　　第四节　八所都市建设计划 /284
　　第五节　榆林第一期都市建设计划 /288
　　第六节　榆林第二期都市建设计划 /292
第十四章　结论 /298
本书著者所有著作及有关海南岛问题论文 /303

陈 序

　　琼崖资源丰富，山川险要，夙为吾国南疆之重镇，两广之门户。国父早有建省之议，而抗战前，国人亦曾准备开发，未果而七七难作，寇焰深入，此孤悬海上之宝库，亦告沦陷，而为敌人致力经营之对象。越六载，胜利既临，陈植同志衔命于役其地，从事接收，睹兹广大资源与夫敌人建设，深感有继续开发之必要，爰于公余，搜集有关资料，并督促留岛之日籍技术人员，纂辑成编，以促朝野之注意而备开发之参考。承寄目录，余读既竟，有不得已于言者。中国领海岛屿众矣，顾衡以国防与经济价值，舍台湾外，莫琼岛若，且面积辽阔，黎僮所萃，开发云者，不仅实业之开发，乃举军事、政治、教育、交通、社会各项建设综合而言。着手之方，当首先廓除开发之障碍，治安也、政治也、交通也、卫生也、水利也，凡兹数端，当先由政府切实统筹办理，若此而不得解决，则投资者裹足，开发奚由？此其一也。开发一地，目的在发展国民经济，繁荣地方，故除一般切要暨有关军事之产业，可由政府主持建设外，其他应归民营而由政府扶植之、奖励之，同时运用合作组织，发动住民成立各种产业合作社，为有组织有计划之经营，一面由政府贷以资金及实物，而加以指导监督，以求产业之发展合理，斯又一也。循斯二义，以求资金与人才之集中，勿图近利，勿求速效，孜孜而为之，则用力既专，后果必宏，而开发庶克有济。值兹建国伊始，海疆要隘之亟待经营，更甚于往昔，得是书而考览之，其获益也无疑。第内容偏于专门技术问题者多，因略抒原则上余所见者识于简端，用质读者焉。

民国三十六年三月望日陈果夫于首都

翁 序

　　近代立国，特重海洋，诚以海道运输量重而费轻，海岸发展本实而效远，内向以倡宗邦之前进，外输以供国际之交通，尽先着重，良有以也。吾国先民文化，导源于黄河流域，而扩展甚速，努力所及，于南洋诸岛经济之开发，实导其先河，而为其骨干；所可惜者，邦人致力远及于重洋，而尚未尽于本土，尤如海南一岛，其面积之广，富源之多，较之台湾，有过而无不及，而铁盐之利，向未开发，农垦之业，荒弃甚多，海港虽优，迄少使用，地势甚佳，注意者鲜，较之台湾，已有建设之功效，彼此相撵，殆如天渊，南疆翘首，感念何如！即以比之香港弹丸小岛，亦因经营得宜，已成东西航运之要点，远东贸易之重心，海南位置相同，地大物博，尚远过之，而实际贡献，乃缺少至此，人力有所未尽，经营亟宜促进，事实昭然，无可疑也。抗战时期，日人于兵事之余，并作建设之计，调查研究，资料綦多，装置经营，始见端倪，胜利之后，各机关各就职掌，分别收复，而集中编纂，尚付缺如，兹幸陈君养材实地考察，汇集所得，著为开发计划一书，深冀由此时之名著,导成他日之实效,使珠崖琼岛,确成吾国之要区,此则叙介者所引为歆望者也。

民国三十六年三月翁文灏序于南京

罗 序

海产所资，遂兴小白，地货弗弃，可致大同，经济建设之重心，系于地尽其利，此一建国原则，无古今或异其势也。国难敉平，物力凋疲如故，一切复兴工作，犹在延滞状态中，而资源之有待于开发，自为目前建国最宝贵之一课题，吾琼崖资源优越，天赋特厚，在抗战期间，敌利之以资运用者六阅年，一切建设已具相当规划，设恧而弃之，亦国之耻也。农林部稔见于此，深感有继续开发之必要，因有海南岛办事处及华南区海洋渔业督导处之设立，简陈委员植主其事，于鞅掌廑余，汇集有关资料，并督促日本技术人员，编纂海南岛开发计划一书，以促朝野之注意，而备开发之需求；夷考其纲目，厘然透过精翔之研划，果克循此而按步实现，其裨于国计民生，匹诸管氏之鱼盐政策，大可复兴于当前已。书成，爰为序之如上，且俟券之于下！

罗卓英撰

自　序

　　海南岛孤悬海外，向不为国人所重视。日人自台湾开发完成，及南进政策决定后，垂涎此热带富源，及海上重镇者，非一日矣。迨抗战军兴，日人于民国二十八年二月十日，遂奋战胜之余威，作长驱之直入。我国以无重兵防守，未经剧烈抵抗，故登陆不久，遂告完全占领。四月三十一日，且由其海、陆、外三省联名，于当地召集三省会议，以决定该岛今后处理计划。军民政治，统由海南岛海军警备府掌管。警备府下分设特务、工作、设施、经理各部，除军政外，所有政治、经济，皆属于特务部。特务部，分设官房（按即秘书处）及政务、经济、地政、卫生四局，及嘉积、三亚、那大、北黎四支部。官房分设两课，分掌人事、会计、庶务等项。政务局分三课，所有民政、教育、外交、情报等行政属也。经济局分设七课，所有农林、工矿、交通、金融、贸易、专卖等行政属也。卫生、地政两局各设两课。特务部首长，号称总监，虽属警备司令，然其阶级（为中将）与海军警备司令，并无轩轾。良以海南经日人占领后，无甚争夺，便告敉平，日人遂致其全力于建设事业，以为掩有南洋各地之桥梁。故其设施，几政治重于军事，以期此第二台湾，得于三十年内，开发完竣，俾海上双目，左右辉映，以拥护其日本帝国，立于不败之地。胜利后，余奉命驰往粤、桂、闽三省，接收农林机构。十月下旬，由渝抵穗后，即闻海南经日人占领六年有半，各种设施，已具规模。十一月初，因与张远峰兄先行飞往，以察究竟，抵琼与日海军特务部小河总监及经济局高辻局长、加藤课长、先后相晤后，关于海南建设，已窥一斑。迨将各项报告，及有关资料，略加检阅后，始知日人于占领之初，即具久居之意，故其国防、农林、工矿、交通、都市、港湾、电气等各项建设，莫不锐意经营，已具相当规模。惜以我国中央各部接收人员，先后到达后，关于接收工作，无不各自为谋，任意争夺，不顾大体，遂将各项设施，支离分裂，破坏无遗，诚可痛矣！向使接收计划，诚能共同商讨，各按性质，分工合作；而接收后，复将日、台籍技术人员，全部留用，继续工作，静候命令，圆满解决，而不仅以加封、遣散为能事，则海南建设，再经二十年，便可全部完竣；而竟计不及此，遂致支离破碎，残缺不全。当此财困之秋，若欲恢复旧观，已非二三十年所克济事，破坏之罪，接收人员，胡可逭哉？

接收将竣，余以海南建设，俯仰之间，将为陈迹，而日本各项技术人员，待命回国，启行有期。窃念该项技术人员，在此六载经营，均有相当经验，一旦遣散，集合非易。因商诸小河总监，转饬各项专家，各本经验，代拟计划，以便按图索骥，而供他日借镜之需。不期而驻军四十六军军长韩炼成将军，亦具同感，因共同督促，以观厥成；三阅月，而次第完成，汇为巨帙，其服务精神，有足多者。旋返渝复命，携之以俱，以期乘时建议中央，有所采纳，虽经飞机遇险，幸得安全无恙。五月中，复奉命返琼，设处整理农林机构，以为海南建设始基。虽以治安、政治等各种关系，无法展开，然此项计划，返琼后，即分请各同仁着手移译。今春广海区渔督处奉命迁穗后，复更事补正，三阅月，遂克葳事。此项计划，虽迭经艰险，然终能安然与国人相见，要亦一幸事也。

夫海南建省，先总理倡之最早，终以怙于形势，未能实现。胜利后，本岛改省之议如能与台湾同时宣布，将敌伪建设，按照计划分别接收，则接收而后，工作如故，尚何损失之足虑哉？徒以政府对于海南建设，事前绝无计划，致任接收人员，任意破坏，曷胜痛心！去年春，行政院宋前院长子文抵琼巡视时，余于会报席上，曾对海南建设之重要，及接收物资之运用，冒昧陈词。返渝述职时，复将海南改省之重要，及其建设之途径，为文进呈主席蒋公，虽蒙发交有关各部研究，然改省之议，终以各种关系，仍难成为事实，遂使海南建设，日益破碎，而不可收拾。目击今日残破之局，诚怵然有不胜今昔之感焉！

海南改省问题，中央感于事实之需要，及各方之呼吁，终于今春国民党三中全会中一致通过。数阅月，复于六月五日，经行政院第二次临时会议通过，经立法程序后，即可付诸实施，政府对此问题，一再延缓，诚不能不令海南人民，及目击海南建设日趋破坏者，中心如焚，望眼欲穿也。盖论实际需要，当接收之始，即应仿照台湾，同时改制，以便赓续建设，不然，亦应于接收之中，明令改制，以期亡羊补牢；不然宋前院长巡视返京后，若能及时改制，破坏不烈，补救仍易也。不谓各方人士，曾予热烈期待之海南改制问题，仍如石沉海底，绝无反应耶？迟之又迟，于接收已阅一年有半后，改制之议，始得正式通过，虽属海南建设前途一大幸事，然终不能谓为"行之已觉过迟"也。但愿早日实施，不复愆期，俾海南建设，不再毁灭，诚海南之幸也。日人以不忍目见数载辛劳，毁于一旦，故临行时，尚挥泪话别，仍复以海南建设为念，及今思之，犹深愧汗，盖诚非战胜国人所欲闻焉。

海南改制，既经两次通过，实行之期，当不在远，惟当改制之先，关于制度之确定，经费之筹措，及人才之罗致，均应缜密考虑，慎重将事，以为我南陲新省，树不拔之基。此项计划，除农林建设，略骋管见外，均属日籍专家精心之作，编纂既竟，谨以付梓，以贡献于主琼首长，及热心开发海南同志，以资参考云尔。辱承党国先进，惠赐文词，不胜感荷。惟内容范围涉历过广，遗误之处，知所难免，当世硕彦，幸辱教也！是为序。

三十六年夏初陈植序于羊城

第一章 总论

第一节 开发本岛之主要理由

其一 海南岛在国防上之重要性及其开发之价值

吾人于兹，欲建议一伟大事业计划，并昭告于全国有志之士，其须亟起而共图之者，其事唯何？曰：海南岛之开发是也。海南岛，乃我国最南端之一大海岛，其地位形势之重要，不仅为我南部各省之屏藩，抑亦国防上一战略要地也。故岛上国防，军事基地之建设，与夫兵力之配置，均应刻意研求，以谋磐石久安之计，以此相连关系，举凡军需物资之供应，转运交通之周密等各项问题，俱属切要之图。不然，则其最重要军需物资之一部或其全部，均须仰给外地，迨一旦战事发生，交通阻塞，措手不及之时，未有不困难丛生，而致影响战事之进行者。职是之故，吾人应首谋开发岛上本身之资源，先图自给，进而再谋外地之供应，所谓内外兼顾，法至善也。观乎以往日人于占领本岛六年半之间，所行经济计划之良好成果，当益信本岛蕴藏之富饶，及其足负国防重任之能力。吾人于深致警惕之余，又安得不急起直追，以期有所贡献哉！此乃本岛应行开发之理由一也。

其二　重工业建设与本岛铁矿之价值

吾国乘战胜之余威，视满目之疮痍，尤宜力巩国防，以保疆圉，而御未来之侵略固矣，然欲完成此项使命，则非兴建重工业不可。查国内适于重工业发展之地，除东北、华北诸省，暨扬子江流域一带省份外，在南方则唯东南各省，以及本岛已耳。盖重工业区域，尤宜分散，而忌集中，以免全部覆创，而便接续供应。故如一旦军兴，我国北部各省被袭，则仍有中南军需工业之供应，南部受敌，则仍有中及北部，足以支持，斯诚两全之策也。至于南部重工业地带之中心点，究应置于东南各省，或以本岛为宜？则固尚待专家之考虑，惟查本岛石碌矿山，实具极大贡献，盖其矿质之优良，产量之丰富，东亚各地，莫与比伦，此矿之开发，不特足以增进国防力量，即于一般国民经济之发展，裨益亦非浅鲜[①]！此又本岛必须开发之理由二也。

其三　海南岛产业上之特点

本岛乃我国领域内唯一之热带及亚热带地域，以其特有之气候、风土，故其产业，亦多特异之点，例如：本岛以有天赋独厚之气候，如能以科学化技术兴办农田水利，即可逐渐扩增其双季作（二期作）耕地面积矣。尔外，复适于各种特用作物之栽培，家畜之饲养，以及广大盐田暨渔场之经营等。就中各种特用农产物及食盐等，为军民日用上所必需物资，尤应力谋增产，以图自给，固不待言。盖此后需要量，尤将日增无已，若不此之图，而

---

① 原文如此，盖旧时习惯用法，为保持原文的完整性，本书多一仍其旧。其后如"澈底""波萝""连络""砂尘""粘土"等均同此例，不再说明。——编者

徒以仰给岛外输入为能事，设有意外，未有不捉襟见肘者矣！此又本岛必须开发之理由三也。

以上三则，吾人仅举其荦荦大者言之已耳，若夫移民之便利，交通之枢要，货物之周流，金融之调节，要皆我国战后新兴之建设事业，息息相关，实予我国民经济之安定，及其发展上一大辅助，凡我国人，尚期群策群力，以促本岛开发事业之及早完成也。

第二节　劳力补充应取之途径

查开发事业，除资金外，人力盖亦重要因素也。考本岛现有人口，约计二百五十万，其可供劳力者，仅敷原有农工各业所需已耳。若各项开发事业，陆续兴举，则所需劳力数量，必将立增，仅此二百五十万人，自感不敷甚巨，应随开发事业之进展，而作外省人口之移入，若以本岛经济能力为标准，而作人口容量之测定，则将来虽增至一千万人，绝不致发生困难也。兹以二倍于现在人口为标准，分列二表，以示自然增加之估计数，及移民之分期招致数如次。

（一）海南岛人口自然增加估计数

年　　度	自然增加率（一年）	自然增加人数	年终人口数（原有人数二五〇万人）
第一年度	千分之二十	五〇、[①]〇〇〇人	二、五五〇、〇〇〇人
第二年度	千分之二十	五一、〇〇〇人	二、六〇一、〇〇〇人
第三年度	千分之二十	五二、〇二〇人	二、六五三、〇二〇人
第四年度	千分之二十	五三、〇六〇人	二、七〇六、〇八〇人
第五年度	千分之二十	五四、一二〇人	二、七六〇、二〇〇人
第六年度	千分之二十	五五、二〇五人	二、八一五、四〇五人

[①] 数字间的顿号表示千位进制，下同。——编者

续表

年　度	自然增加率（一年）	自然增加人数	年终人口数（原有人数二五〇万人）
第七年度	千分之二十	五六、三一〇人	二、八七一、七一五人
第八年度	千分之二十	五七、四三五人	二、九二九、一五〇人
第九年度	千分之二十	五八、五八〇人	二、九八七、七三〇人
第十年度	千分之二十	五九、七五五人	三、〇四七、四八五人
第十一年度	千分之二十	六〇、九五〇人	三、一〇八、四三五人
第十二年度	千分之二十	六二、一七〇人	三、一七〇、六〇五人
第十三年度	千分之二十	六三、四一〇人	三、二三四、〇一五人
第十四年度	千分之二十	六四、六八〇人	三、二九八、六九五人
第十五年度	千分之二十	六五、九七五人	三、三六四、六七〇人
第十六年度	千分之二十	六七、二九五人	三、四一三、九六五人
第十七年度	千分之二十	六八、六四〇人	三、五〇〇、六〇五人
第十八年度	千分之二十	七〇、〇一〇人	三、五七〇、六一五人
第十九年度	千分之二十	七一、四一〇人	三、六四二、〇二五人
第二〇年度	千分之二十		

备　考		
1. 二十年间自然增加之人口数	合计	一、二一四、八六五人
2. 第二十年度终了时之人口数	合计	三、七一四、八六五人

（二）分年移民招致计划（二十年间）

年　度	本年度预定移入人数	自然增加率（一年）	自然增加人数	年终人口数
第一年度	五〇、〇〇〇人	千分之二十	一、一〇〇人	五一、一〇〇人
第二年度	五〇、〇〇〇人	千分之二十	二、二二五人	一〇三、三二五人

续表

年　　度	本年度预定移入人数	自然增加率（一年）	自然增加人数	年终人口数
第三年度	五〇、〇〇〇人	千分之二十	三、三七〇人	一五六、六九五人
第四年度	五〇、〇〇〇人	千分之二十	四、五五〇人	二一一、二四五人
第五年度	五〇、〇〇〇人	千分之二十	五、七四五人	二六六、九九〇人
第六年度	五〇、〇〇〇人	千分之二十	六、九七五人	三二三、九六五人
第七年度	五〇、〇〇〇人	千分之二十	八、二二五人	三八二、一九〇人
第八年度	五〇、〇〇〇人	千分之二十	九、五一〇人	四四一、七〇〇人
第九年度	五〇、〇〇〇人	千分之二十	一〇、八一五人	五〇二、五一五人
第十年度	五〇、〇〇〇人	千分之二十	一二、一五五人	五六四、六七〇人
第十一年度	五〇、〇〇〇人	千分之二十	一三、五二五人	六二八、一九五人
第十二年度	五〇、〇〇〇人	千分之二十	一四、九一五人	六九三、一一〇人
第十三年度	五〇、〇〇〇人	千分之二十	一六、三五〇人	七五九、四六〇人
第十四年度	五〇、〇〇〇人	千分之二十	一七、八〇五人	八二七、二六五人
第十五年度	五〇、〇〇〇人	千分之二十	一九、三〇〇人	八九六、五六五人

续表

年　　度	本年度预定移入人数	自然增加率（一年）	自然增加人数	年终人口数
第十六年度	五〇、〇〇〇人	千分之二十	二〇、九七五人	九六七、五四〇人
第十七年度	五〇、〇〇〇人	千分之二十	二二、五五〇人	一、〇四〇、〇九〇人
第十八年度	五〇、〇〇〇人	千分之二十	二四、一四〇人	一、一一四、二三〇人
第十九年度	五〇、〇〇〇人	千分之二十	二五、七七五人	一、一九〇、〇〇五人
第二〇年度	五〇、〇〇〇人	千分之二十	二七、四四〇人	一、二六七、四四五人

备　　考		
1. 二十年间预定移入之人口数	合计	一、〇〇〇、〇〇〇人
2. 二十年间自然增加之人口数	合计	二六七、四四五人

（三）人口自然增加及人口总数（包含移民）

年　　度	自然增加人口数合计	每年年终人口数合计
第一年度	五一、一〇〇人	二、六〇一、一〇〇人
第二年度	五三、二二五人	二、七〇四、三二五人
第三年度	五五、三九〇人	二、八〇九、七一五人
第四年度	五七、六一〇人	二、九一七、三二五人
第五年度	五九、八六五人	三、〇二七、一九〇人
第六年度	六二、一八〇人	三、一三九、三七〇人
第七年度	六四、五三五人	三、二五三、九〇五人
第八年度	六六、九四五人	三、三七〇、八五〇人
第九年度	六九、三九五人	三、四九〇、二四五人

续表

年　　度	自然增加人口数合计	每年年终人口数合计
第十年度	七一、九一〇人	三、六一二、一五五人
第十一年度	七四、四七五人	三、七三六、六三〇人
第十二年度	七七、〇八五人	三、八六三、七一五人
第十三年度	七九、七六〇人	三、九九三、四七五人
第十四年度	八二、四八五人	四、一二五、九六〇人
第十五年度	八五、二七五人	四、二六一、二三五人
第十六年度	八八、二七〇人	四、三九九、五〇五人
第十七年度	九一、一九〇人	四、五四〇、六九五人
第十八年度	九四、一五〇人	四、六八四、八四五人
第十九年度	九七、一八五人	四、八三二、〇三〇人
第二〇年度	一〇〇、二八〇人	四、九八二、三一〇人

备　　考		
1. 二十年间自然增加之人口数	总计	一、四八三、三一〇人
2. 第二十年度终了时之人口数	总计	四、九八二、三一〇人

第二章　重要资源之调查

第一节　农林资源

其一　土壤

本岛土壤性质，虽尚未经详细调查，惟大致以火成岩居多，水成岩仅局部地区，始有分布已耳！其北部地质，以喷出岩之深成岩及玄武岩为较多，南部则皆以花岗岩为其母岩也。

一　北部之土壤

本岛北部之土壤，系玄武岩系之母岩，经风化后，其矽酸盐基成分消失，乃成为一种细质之粘土，此种粘土，缺少腐殖质，且多与氧化铁、氧化铝混合而成为一种赭赤色之红砖土（Laterite）焉。

二　南部之土壤

本岛南部之土壤，系由花岗岩之母岩，风化而成，间亦露出红砖土，以经风化过程之故，土壤多呈灰白色，或黄褐色，乃至深赭色之粘土，其中并含有多量之矽酸粒焉。

三　土壤之生产力

本岛土壤，以皆由砂质所构成，故缺乏腐殖质，惟在滋润之树林下,则往往含有多量之腐殖质焉。在各大河流之两岸,以及沿海平坦地带,则概属冲积层土壤,彼处土质肥沃,可供水田苗圃之用。惟其一般心土,因有粘土层或红砖土盘之分布,故不特在雨季,易生积水之患,且以上中水分,已呈饱和状态,致使有机质分解迟缓,在干燥期间,遂令易于被水溶解之矽酸铁成分,转借毛细管作用而上升,并凝集于地下一定深度之间,而形成一种热带及亚热带特有之红砖土盘,而有碍作物之健全发育。在干燥时期,复以雨量过少,遂致限制作物之栽培也。虽然,本岛天然土壤之物理条件,其适应于植物发育者,固未尝逊色于他处也。若能施用绿肥,以改善土壤之理化性质,则农业生产力之加强,固可拭目而待者。再如本岛农民,墨守成法,故其生产力未能发挥尽善,吾人于提倡改良之道,尤宜三致意焉。

其二 农产资源

一 水稻

本岛水稻,系属印度种,大部分以粳种为主,糯种甚少,其糯种糙米,有红白两种。米粒细长,其分布于全岛者约有数十种,兹将本岛各种谷类之名称、生长期及形态等,分别表列如次:

本岛水稻品种名称、生长期及米粒形状等比较表

品种	期别	粳糯	糙米色	糙米粒形	谷一百粒重量	壳色
乌节	第一期作	粳	赤	稍细长	二·一公分	淡褐
毋乐	第一期作	粳	赤	细长	三·一公分	白
古谷	第一期作	粳	白	细长	二·一公分	白
生毛糯谷	第一期作	糯	乳	稍细长	二·七公分	淡褐

续表

品种	期别	粳糯	糙米色	糙米粒形	谷一百粒重量	壳色
光头糯谷	第一期作	糯	白	细长	二·一公分	淡褐
中间作种子	中间作	粳	赤	细长	二·一公分	褐
黑节	第二期作	粳	赤	细长	二·三公分	白
二期作种子	第二期作	粳	赤	细长	二·一公分	褐
粘种	第二期作	粳	赤	细长	二·二公分	淡褐
糯种	第二期作	粳	赤	细长	二·二公分	褐

此外在日人侵占以后，始行移入者，有蓬莱种之台中六五号、台中糯四六号及台湾本地种、白米粉等数种。

二　陆稻

本岛陆稻，概分布于高田、山地之间，以琼山、临高、澄迈等县及黎界方面为多。

三　小麦

小麦在本岛向无栽植，仅在日人侵占后，于陵水、琼山及三亚向华村（原名六乡村），曾试植农林二十号及琦玉二十七号两种，均有成果。

四　玉蜀黍

玉蜀黍，又名包粟，或称珍珠米，在本岛各处，均栽植之，且以为主要食粮焉。其中颇多优良品种。

五　薏米

薏米供食用、酿酒及制药用，产量颇多，除足供本地需要外，更可输出岛外。

六　高粱

本岛西部之儋县、昌江、感恩等县，颇多栽植，可供食用及酿酒之用，对于酸性土壤，虽不甚适宜，然极强健，其根甚深，适于全岛各地栽植。

七　龙爪稷

别称鸭蜀黍，虽瘠薄干燥之地，亦能适应。儋县、昌江、感恩等县，均有栽植，通常亦供食料之用。

八　豆菽类

此种豆科植物，能利用空中游离氮气，以为养分，故虽在贫瘠之地，亦能发育，分布全岛，其主要者如次：

1. **木豆及乌豆**　粒形细小，播种期在二月至三月间，收获期在六月至七月间，可制造豆酱及酱油等。

2. **扁豆（平豆）**　多产生于中南部地方，其茎可供肥料及燃料之用。

3. **柳豆**　多植于北部诸县，为本岛原产之绿肥植物及食料作物，亦可供防风及薪炭之用。

4. **落花生**　分布全岛，尤以琼山、文昌、定安等县为多，可供食用及榨油原料。其品种，分大粒及小粒两种。播种期在二月至三月间。收获期则在七月至八月间。以之维持地力，厥功甚伟。

九　甘薯

甘薯，为本岛主要食物，栽植颇多，其特性为不必施肥，且能早期收获，形体甚小。日人侵占本岛后，移入台农十号、台农三号及嘉义种等，试植结果，成绩尚佳，现已扩展至本岛南部矣。

十　甘蔗

分布全岛，尤以崖县、陵水、儋县、临高等地为盛，其中细茎者，可供制糖之用，肉蔗（有红皮及青皮两种）可供果食之用。日人侵入后，移植品种，其品质优良者，为下列各种：

Po J.2725，2883，2878；F.108，109，105；TA.100–107；Saipan 等

十一　木薯

木薯亦称薄枫，多栽植于文昌及琼东之西部，或散见于其他各处，足供食用及制染色用糊，酒精原料之用。有甘、苦两种，其苦者，内含青酸质，性最耐旱，故颇适于干燥山地栽植之用。

十二　咖啡

本岛咖啡于三十年前，即由南洋方面输入，分植于文昌、琼山、万宁、儋县各地，栽植面积，合计约达六千四百亩，总株数在二十五万至三十万株之间，树势雄健，高约七八尺，间亦有与橡胶树杂植者。

十三　药用植物

1. 益智　产于崖县、万宁、陵水、定安、乐会等地，可供制腹痛药及其他止痛药剂用。

2. 莨姜　系一种野生植物，多产于本岛西南部，以其根茎切成细片晒干后，可作健胃药剂。

3. 鱼藤　　南部地方，虽有野生鱼藤之分布，惟为量不多。自日人侵占后，各公司始从事试植，成绩颇佳，其根可作驱虫剂之用。

十四　辛香植物

1. 番椒（辣椒）　各地均有栽植，果实小而辣味强。
2. 酸梅　为豆科乔木，多植为行道树，可供烹饪及药用。

十五　园艺作物

1. 波萝（凤梨）　多产于文昌、琼东等地，适于高温干燥之处，故盛产于本岛，以其气温适宜故也。
2. 波萝蜜　为桑科乔木，别名"包蜜"，散生各地，尤以琼山、文昌两处为夥，果肉甚厚，有香酸气味，其种子如枣，含淀粉颇富。
3. 荔枝　杂产本岛各地，琼山特多，果实分甜酸两种，岛民多制为荔枝干或罐头，以输出外地。
4. 龙眼　各处生产，且有野生种，用途与荔枝同。
5. 杧果（檬果）　以崖县为最多，其余在陵水、昌江、感恩各县亦有栽植，惟乏集团栽种者，仅有三五株散见于各地而已。
6. 杨桃（羊桃）　岛内各处均有栽植，只供生食之用。
7. 芭蕉（香蕉）　品种有高蕉、香蕉、黎蕉三种，产于各处，惟数量不多。
8. 柑橘　琼山县永兴市附近，乃岛上有名之集团产地也，其果型甚小，有类温州蜜柑，株间距离狭窄，其树龄以十年生者为夥，栽培方法幼稚而极粗放。
9. 木瓜（番木瓜）　属蕃瓜树种科，雌雄异株，其未熟果实之液汁中多含蛋白质分解酵素，可作消化剂用，在本岛多作生食及饲料之需。

十六　蔬菜类

1. 夏季蔬菜

（1）瓮菜　广布于热带、亚热带、台湾、本岛及马来亚等地，品种有大叶及小叶两种。

（2）韭　分布各地，在山东市更有集团栽植，我国视为健身植物，南洋各处华侨，每好栽植之。

（3）鹊豆　无论平地、深谷，均有生产，凡其他豆科及蔬菜不适栽培期间，本作物均能生育，故于热带、亚热带地方，分布颇广。

（4）奥克拉（Okre）　系本岛新近输入之作物，栽植极盛，且具利用价值，其嫩荚可作蔬菜之用，其实可供咖啡代用品用。

（5）瓜类　本岛气候，周年均适于瓜类之栽培，如南瓜、西瓜、丝瓜等各处均有生产。

2. 冬季蔬菜

（1）白菜　半结球白菜、绉纹白菜、大芥菜等，均有栽培，成绩良好，惟须注意害虫之防除。

（2）莱菔①　与台湾之大梅花种相类似，颈部细，尾部较大，体形长，亦有中形与短形之别，但害虫颇烈，应加注意。

（3）葱　别称韭葱，各处均有栽植。

（4）葫　本岛之品种颇佳，其新鲜茎叶及果实，均可供食用，且可视为重要之健身食料也。

（5）薤　我国之原产作物，本多产于华南，本岛亦盛产之。

其三　林产资源

一　森林之分布及其蓄积

本岛森林，聚集于中部及南部一带，其北部及沿海区域，则

---

①　原书误作"莱服"，即萝卜。——编者

一片平野而已，兹将其主要区域，略述如次：

1. 感恩县尖峰岭附近之森林，乃在本岛可称首屈一指者，自尖峰岭，东达昌化大江左岸中流一带，其蓄积量，估计约在八百万立方公尺以上。

2. 陵水县西北之吊罗山森林，与五指山之森林相连续，据最近调查所得，其一部分已有一百五十万立方公尺，估计其总蓄积，当在三百万立方公尺之谱。

3. 以昌化大江中流之东方（地名）为中心，连合马鞍岭、牛管岭及该地右岸之七叉大岭、霸王峒之森林，合计蓄积在一百五十万立方公尺之上。

4. 万泉溪上游之森林，跨越本溪之东西两岸，中多针叶树，惟尚未经充分调查，故不能知其蓄积确数。此项木材，常以嘉积市为集散地焉。其调查开发，则有待于今后之努力矣。

5. 宁远溪上游尖峰岭附近之森林，向以崖县为其木材集散地，现时生产，已陷停顿状态，其继续调查开发，亦属刻不容缓也。

以上所述，乃本岛中南部地区之森林状况也，至于东北各部概为低山丘陵之地，人烟稠密，交通辐辏，原有森林，斫伐殆尽，至内地森林，又遭黎苗两族之不绝焚毁，所有林木，均已绝迹，仅于南渡江上游，尚有局部存在已耳。

6. 松涛之松林，在那大东南方及南渡江上游两处，尚有松类纯林，惟其中一部，已遭日军斫伐，至全林蓄积量，尚未调查清楚也。

7. 南渡江中流喃咪岭、汉长岭之森林，畴昔系用竹筏连至海口，今已式微，今后海口木材供应问题，诚堪注意者也。

综上所述，本岛全部森林蓄积量最低数字，当在一千五百万立方公尺以上，此外如保平、乐安方面大面积之栎林，白竹、名留之松林，雅加大岭之森林等，有待于今后之调查开发者，所在皆是。根据航空照片及五万分之一之地形图推测之，则本岛森林之蓄积量，当在三千万立方公尺以下也。

二 森林利用之现状

兹将本岛重要森林树种，略举如次：

1. 针叶树类之业经调查者，计有竹柏科（Podocarpaceae）四种，粗榧科（Cephalotaxaceae）一种，松科（Pinaceae）五种，柏科（Cupressaceae）一种，共十一种，虽有纯林，惟以与阔叶树相混交成林者居多。在尖峰岭、吊罗山等之森林，自海拔八百公尺附近起，即见纯林之原生林分布。由是不难推定在中南部人烟稀少之八百公尺以上之山岳中，如上所述之森林当复不少也。

2. 阔叶树之种类甚多，其中有与安南、暹罗、印度、菲律宾等地所产种类相若者，计有壳斗科（Fagaceae），桑科（Moraceae），樟科（Lauraceae），豆科（Leguminosae），楝科（Meliaceae），大戟科（Euphorbiaceae），无患树科（Sapindaceae），龙脑香科（二羽柿科）（Dipterocarpaceae），金①缕梅科（Hamamelidaceae）等各有用树种。

海南岛木材性质与台湾产类似树种比较表

产地别	树名（土名）	含水率	比重（S）	抗曲强度（CM^2）	纵压缩强度（CM^2）	硬度（格尔乃尔）硬度计	形质（C/S）
吊罗山尖峰岭	鹅毛松	一一·〇	〇·四八	七二二	二九二	一·八六	六·〇八
同	竹叶松	一五·〇	〇·六一	一、一八五	四〇四	二·八〇	六·六三
同	陆均松	一四·〇	〇·七四	九八〇	四八九	三·〇九	六·六一
台湾新竹	竹柏	一三·〇	〇·五四	九七二	四〇二	三·九二	七·四八

---

① 原书误作"全"，今改正——编者。

续表

产地别	树名（土名）	含水率	比重（S）	抗曲强度（CM²）	纵压缩强度（CM²）	硬度（格尔乃尔）硬度计	形质（C/S）
台湾埔里	百日青	一五·一	〇·六〇	一、一六四	三六二	三·六二	六·〇三
台湾阿里山	扁柏	一五·一	〇·五一	八六七	三八八	三·四三	七·六一
台湾阿里山	红桧	一四·六	〇·四五	七一一	三四九	二·五四	七·七六

三　木材之外之林产物

1. 红树皮（Mangrove）　为单宁主要原料之一，多产于本岛东北部之海岸，江口地带，日军侵占后，曾大加搜集利用之，并输出岛外焉。兹将分布及蓄积估定量列表于下：

出产地名	面积（市亩）	干皮生产量（吨）
会文海岸	一六、〇〇〇	二、〇〇〇
清澜港	三二、四八〇	四、〇六〇
锦山市	二〇、八〇〇	二、六〇〇
铺前市 演丰市	八、八〇〇	一、一〇〇
南渡江河口	四〇〇	五〇
花场港	一二、八〇〇	一、六〇〇
安全港	二、〇八〇	二六〇
儋县	一二、〇〇〇	一、五〇〇
北门港	四〇〇	五〇
三亚	九六	一二
理善港	三、二〇〇	四〇〇
合计	一〇九、〇五六	一三、六三二

2. 油柑 油柑亦为单宁原料之一，其供鞣皮之用者，为柑皮，乃油柑之树皮也，为属于大戟科之灌木，分布于全岛山野间。澄迈县、福来及岭仑附近一带山地间，分布尤夥。向仅供渔网、防腐、染料之用，日人曾大量搜集，以制皮革，并输出岛外焉。其产量因缺乏统计资料，未能确定，惟据经营此业之商人估计，以往每年约可产一百五十万斤左右云。

3. 海棠树 海棠油系由海棠树果实中榨取者也，主供土民燃灯之用，以其含有机酸之故，虽未能适用于机油食用，惟可用为内燃料，故多用作器械燃料也。查海棠，亦称胡桐，属金丝桃科之常绿乔木，专供采实或兼作防风林之用，宜植于荒原田野。本岛并无大规模之造林。战前海棠油年产量，约三百五十吨，今仅一百六十吨耳！以往除供本岛需要外其可供出口者，尚有五十万吨左右云。

4. 藤 为普通家具及结扎包装原料，生产于乐会、琼东、万宁、陵水、崖县等地，以前并多输出于闽粤各港口岸。

5. 克香（Pogostemon cabrin） 属于唇形科（Labiatae），为常绿多年生草本，茎叶干燥后，可用为香料，如加蒸馏，制成精油，可供香料之保留剂用。其主产地为万宁，和乐等处，年产约三万斤，战前多输于上海、香港、广州等埠。

6. 沉香 其中多脂部分，可供薰香及药用。

其四　畜产资源（附天蚕及蜜蜂）

一　牛

本岛所产者有黄牛、水牛两种，以供役用及肉用。战前每年输出香港者，计达六七千头。岛之东部，多产水牛，西部则以黄牛为多。崖县、感恩等地，产量均富。其牛均属印度系统。黄牛之肩部，有瘤状肉峰，毛呈褐或黑色。土民向无种牡牛之畜置，任其野合，故有流于早期蕃殖之弊，应予改善者也。

二 马

本岛产马系属四川、云南系统之"岛马"，躯干短小，饲育不多，无何实用，若予以改良配种，当可望其强殖焉。

三 猪

本岛猪种，类似广东、越南所产，头背皮毛，均呈黑色，腹部及四肢则为白色，体躯丰肥，平均体重，在一百二十至一百四十市斤之间，蕃殖力极强，出生半年后，即行交配，八个月至十二个月后，即行初产，且产子甚多，全岛各户均各饲二三头，故为本岛畜产之大宗，亦占输出家畜之大半焉。

四 山羊

本岛山羊，均呈黑色或褐色，且尤以黑色者为多，以供肉食为主，产量仅次于猪、牛耳。

五 鸡

品种复杂，羽色以呈黑白者为多，而以赤褐色为主，其类似来格航鸡（Leghorn）或野鸡者最多，体形细小，平均在二市斤左右，产卵率甚低，普通仅年产五十只左右。

六 鸭

分布于本岛北部，以南渡江上游之东山、澄迈、定安等处为多，南部则以万宁、嘉积一带为盛。其种类有草鸭、北京鸭、和鸭、番鸭等四种,尤以草鸭较为普遍;体重约一·二至一·四市斤,年产卵一百三十个左右。

七 天蚕

天蚕之产地,全世界仅我国华南、湖南、江西、广西、广东本省及本岛而已,尤以本岛为最盛,现时台湾产之优良天蚕,即系由本岛输入而经研究改良者也。至我国天蚕丝之产量,约略如次:

海南岛	二〇〇担	广东省(除本岛外)	七〇担
广西省	一〇〇担	湖南省	二〇担
合计	三九〇担		

本岛天蚕系生长于枫树(枫香树),故其品质不及生长于樟树者之优良(本岛樟树甚少)。其天蚕之产地,约如下列各处(以五指山为中心之山岳地带,与枫树之分布地域相同)。

白沙县——营根峒、加钗峒、十万峒、红毛下峒、红毛上峒、南流峒、新市。

定安县——南间、岭门、乌坡、枫木。

琼山县——屯昌、南垆、黄岭。

澄迈县——西昌、加东、坡尾。

保亭县——水满洞。

儋县——那大。

临高县——南丰。

万宁县——兴隆。

本岛气温,较台湾、广东地方为高,雨量亦少,颇适于天蚕生育,故其虫体发育,率甚强健。

八 蜜蜂

产于崖县、陵水、澄迈、定安附近,率皆捕捉野生蜜蜂,或诱其分封,以繁殖者也。惟经营是业者,规模甚小,仍应续谋发展之道也。

其五 水产资源

一 地理状况

本岛北控海南海峡,而与雷州半岛相接壤,东南面临太平洋,而与西沙群岛相对峙,西距东京湾而与安南遥遥相望,其海岸线曲折多姿,而形成多数天然良港。其渔业根据地,为数亦繁,至若北部沿岸,则因沙滩较多,良港遂少,然本岛仍不失为华南重要渔场也。考东京湾之面积,约为一七、九九〇平方哩,深度概在百寻左右,海底系由泥或沙泥所组成,适于底曳网渔业之经营,其未经开辟之渔场,为数仍夥,岛之东隅达百寻线之面积,计有五千四百平方哩,形成仅次于广东、香港之大陆棚渔场,其底鱼类之分布固多,而洄游鱼类,亦复不少也。

二 鱼类

本岛鱼类,概属热带鱼类,故脂肪较少,而彩色鲜明,且形体甚大,其较为主要者,有下列各种:

1. 浮鱼类 鳁(鲣)、鳝(鲅)、鲹(竹筴鱼)、飞鱼、鲲(海河鱼)、鲻(乌头鱼)、鲳(鲍)、鲨(鳘)、带鱼、针鱼、马鲛鱼、旗鱼等。

2. 底鱼类 红鱼(鲷)、鲋、鳢、白鲵、鳖等。

三　渔场状况

本岛附近渔业，以拖网（底曳网）为大宗，其渔场可大别为四：

1. 铜鼓角东面渔场　由清澜港东部，向东北部扩张，而达大陆棚，其间广泛区域内，均属平坦沙泥之海底，乃适于拖网之良好渔场也。每年以十月至次年二三月间为渔期。

2. 榆林港东南方渔场　榆林港东南四十哩以内之海底，沙泥颇多，适于底曳网渔场之用，惟在七十寻线附近，珊瑚礁横亘于其南方三十哩以内，亦多泥质点在，于六十五寻线附近，以至西方海面，积泥甚深，均有碍于拖网渔场之作业。嗣后如能调查，计划而改善之，则其利用范围，可望逐渐扩张也。此间渔期，由十一月至明年三月间，以榆林港南方海面为主要渔场，迨五月顷，则渐次移至北面，至八九月间，则复转至榆林东方海面矣。

3. 周仑海面渔场　本渔场之由来旧矣，虽一时陷于荒废，惟迩来以榆林为根据之渔船，于此渔场渔获成绩，相当优良，乃五月至九月间，夏季渔期之良好渔场也。

4. 东京湾渔场　面积虽小，惟底鱼之栖息较多，故适于周年之操作，鱼类亦繁，他渔场所不见之血子鲷等，渔获亦多，故有待于今后之开辟矣。

各渔场之渔获物，虽随季节而互殊，然每大同小异，就中连子鲷之渔获，约占全数百分之五十，鲥占百分之十五。连子鲷以十月至明年三月为渔期，尤以十二月为最多，约占百分之七十。

四　鱼类以外之海产资源

1. 贝类及其他　本岛沿岸多产蟹、虾，鳝鱼、墨鱼等亦复不少。尚有蛤、牡蛎等之栖息，但非良种。亦产夜光贝、真珠贝、海参及海绵等，惟其分布状况，尚无精确调查。

2. 珊瑚树 榆林近海，产立枯赤珊瑚，在其西南三十哩，水深七十寻乃至八十寻附近地区内，似为海底珊瑚礁地带，详况仍有待于今后之调查也。

五 淡水鱼类

本岛淡水鱼族，并加以溯流河川之海产鱼类，合计共有二十二科，七十五属，百零一种之谱。此种鱼族，以鲤科为主要代表。按照岛内河川，可区分为北部（南渡江），西部（昌化大江），东部（万泉溪）等三水系；西北部水系产鱼尤丰，至其南部（望楼溪）及东南部（藤桥河、陵水溪）水系，则次第减少，即此一点，亦即为将来本岛淡水渔业所应特别注意者也。

本岛淡水鱼族，可大别为三角地带（Delta）（静流）与山地带（急流）两类，以鉴于山地带鱼族之特别丰富，故对于腹地（黎界）水产资源之开发指导，亦有研究之必要。本岛之淡水鱼族，与华南区之鱼族，完全有从属之关系，盖就地理而言，华南、越南、东京及本岛鱼族分布，可视为具有密切关系之区域也。

第二节 地下资源

其一 地质概况

本岛地质多为"火成岩"，其在五指山之大部分及岛之南部，与中部之区域，可以花岗石或其关系岩类代表之。反之，在其北部，则显呈安山岩或玄武岩、集块岩等火山岩之发达形态矣。水成岩，以视火成岩，则其分布并不甚广，仅于河岸之极新时代地层中，偶一发现之耳。在火成岩区城内，由其残存之花岗岩，可以觇其新古地层及第三纪之点在也。

其二 矿场概况

由地质学之观点论之，本岛地下资源存在之可能性，则东北部不如西南部，要与火成岩与水成岩接触地带为多。今日之所调查者，以治安关系，仅限于本岛之沿海地区已耳。至其腹地，则尚未经探查者矣。兹述其主要者如次：

一 铜矿（Copper Ore）

石碌铜矿床，在其铁矿床西部，依据民国三十二年二月日人之调查如下：

1. 北矿床 乃以千枚岩为母岩之网状矿床，及矿染矿床也。其矿石为孔雀石（Malachite{$CUCO_3CU(OH)_2$}）估计矿床长五十公尺，宽平均四公尺，矿量二万八千公吨，平均品位含铜四%[①]。

2. 南第一矿床 乃以砂岩为母岩之矿染矿床，及网状矿床也。矿种为孔雀石，长五十二公尺，宽十公尺，估计矿量七万吨，平均品位含铜五·二%。

3. 南第二矿床 乃以珪岩及砂岩之互层，为母岩之孔雀石之矿染矿床也。长四十七公尺，宽三公尺，乃至四·五公尺，估计矿量二万三千四百吨，平均品位含铜〇·六%。

以上铜矿矿量，合计十二万一千四百吨，各矿床均易于采掘及运搬，并适于湿式制炼。矿床深部，仍有利用坑道或试锥，再

---

① 原文如此，今仍其旧例，下同。——编者

予探测之必要也。制炼计划，应先确定矿床下部之矿种及其品位，此种铜矿之下部，若为硫化物，即可采用半自熔式熔矿炉制炼法，以节省燃料。此乃经济制炼之法也。其由熔矿炉所出之鈹（Matt），铜之品位，在五〇％左右，更由转炉（Converter）精制之，可提炼至八九％，再用电气分解之，则可得九九·九五％之电气铜矣。

二 铁矿（Iron Ore）

1. 石禄矿山 石碌矿山，位于本岛西岸，八所港东北五十四公里。民国二十九年二月，日人为建设水力发电事业计，乃由日本窒素会社组织调查队，从事于昌化大江流域之调查，石碌之铜矿床，与石碌岭赤铁矿之大露头。遂于是年四月七日得以发现。继复续组第二期调查队，以从事于开矿计划之拟定，并着手全部矿床之调查。三十年四月，始从事于本矿山之开发。于三十三年三月完成年产百五十万吨之转石层之采掘及其出矿设备，寻复完成年产三百万吨之出矿设备焉。现在经已查明之矿量及品位，有石碌矿床本体，其确定量为四千五百万吨（海拔一七五公尺以上），估计矿量二万万吨，平均品位含铁六三％。北矿床转石层，尚可开采之残余矿量一百九十万吨，平均品位含铁六〇％。此外复有数处，亦有转石之存在，惟尚未着手调查耳！本矿床曾经南满铁道株式会社、物理探矿班，实施磁力探矿之结果，证明本矿产量极为丰富云。

2. 保秀山及正美山之铁矿 该两矿均在石碌之东约二公里许，据民国三十一年四月，日人调查两山铁矿之结果，均为由云母片岩中，所胚胎而成之交代矿床，露头长二百至一千公尺以上，矿种为赤铁矿（Hematite Fe_2O_3），其蕴藏矿量及品位如下：

场所及名称	矿量估计	品位分析
保秀山第一矿体	三八四万吨	五七·五四％至五九·六八％
保秀山第二矿体	二一〇万吨	五〇·五七％至六六·六六％
保秀山第三矿体	二四万吨	六六·八四％
正美山	一、一五二万吨	三八·四二％至五六·八七％
合计	一、七七〇万吨	

3. 田独矿山 本矿山位于本岛南端,榆林港之东方约十二公里。民国二十八年,日军侵入后,根据我国纪录,由日本石原产业会社在该地一带调查之结果,发现旧时探矿之坑道。自是年八月起,即着手开发,至三十二年三月完成各种开采设备,而可年产一百万吨矣。其矿床缓斜于花岗岩上,其一部系由原矿体崩溃,而广积于山腹及山麓间者。其铁矿床为花岗岩与珪岩层间生成之交代矿床(Replacement Deposit),矿种以磁铁矿为主(Magnetite Fe_3O_4)并混合少量之赤铁矿。现在残存矿量约有三百万吨,平均品位含铁六十三％,于其附近地带,施行磁力探矿,除仅于本矿体之西侧发现矿量约八万吨之矿囊外,余无可睹者矣。

4. 其他矿床 本岛业经发现之其他铁矿床分列如下:

名称	位置	摘要
河道仔、坑尾村迈豆岭之铁矿	文昌县城附近	褐铁矿层厚五〇公分至一公尺。
嘉积市附近之铁矿	湖尾村安竹市等	露天化形结核状褐铁矿,厚五十公分,品位三〇％至四〇％。
西岸岭及排岭之铁矿	烟塘市西北一公里半	为褐铁矿层,平均厚三公分,平均品位四五％。
南牛岭方面之铁矿	嘉积市东方八公里	仅有品位低劣褐铁矿之散布,并无试开价值。

续表

名　　称	位　　置	摘　　要
万宁龙滚间之铁矿	万宁龙滚公路附近	为赤铁矿之残留铁床，厚五十公分乃至二公尺许，矿量计约三百万吨，品位在三〇%左右。
龙滚市（岭上园）之铁矿	龙滚市西南二公里	褐铁矿品位三〇%左右，无试开价值。
冲卒岭之铁矿	黄流市东北约十二公里	虽有磁铁矿转石，惟本体尚未发现。
雁岭（抱打岭）之铁矿	距崖县东北五十公里	有赤铁矿转石，品位五五%矿量少。
大岭之铁矿	崖县过岭东北十五公里	有赤铁矿转石，品位六五%矿量三百吨。
黄凤岭之铁矿	崖县过岭附近	虽发现有赤铁矿之转石，惟矿量甚少。
崖县南丁岭之铁矿	三亚港东北十公里	有粗劣之磁铁矿转石。
保亭县喃咪岭之铁矿	藤桥西北二十公里	矿种为多孔质褐铁矿，但规模不大。
理善港之铁矿	临高县理善港附近	为褐铁矿，有直径一至二公尺许之矿块，无连续性。

三　锰矿（Manganese Ore）

1. 东石碌之锰矿　位于石碌矿山东南一・八公里，胚胎于灰白色乃至肉红色之珪岩中，形成板状。矿体厚度，在第一露头部计八・四五公尺，第二露头计六・四公尺。矿石呈黑色乃至暗黑色而成块状。此系硬锰矿（Psil-emelane）与磁铁矿（Magnetite）之混合物，即所谓铁锰矿是也。矿量约计八十三万吨，其品位如下：

露头	Mn	SiO_2	Fe	P	备 考
第一	一三·〇九	二一·三四	二四·五三	〇·〇三〇	平均厚五·九五公尺
第二	九·七二	三七·五一	一七·五一	〇·〇二二	平均厚五·九〇公尺

矿石品位虽不优良，惟以其为本岛制铁过程中，不可或缺之锰之给源，故仍有研究选矿之必要也。

2. 水头园（中火田）之锰矿 位于榆林东北十三公里，距田独矿山六公里许，矿床成自氧化锰之结核体，与含锰矿粘板岩之露头，呈粒状或块状，而散布于珪岩属上之风化土壤中。其矿量有锰结核体，约二万一千吨。品位甚低，仅含锰二五%左右，不堪使用，若选矿而使品位向上，亦可适于制铁。

四 锡矿（Tin Ore）

分布地区，在儋县、那大市附近、乌翔岭西田军屯等处。那大市附近之锡矿，分布极广，曾有万发、继明、万祥、东荣等公司从事采掘，在一立方公尺中，含有五十公分乃至一、四二二公分之锡石（Cassiterite SnO_2）。含锡砂砾层之厚薄不一，类介乎〇·三乃至一·五公尺之间，平均品位每立方公尺含量一九二·四公分，可能施工面积四、〇一三、〇〇〇平方公尺，含锡层平均厚一·二七七公尺，含锡总量九百八十六吨，实收率九十%，实收量八百八十七吨云。

溪底之优良锡矿，业已大部采掘，今后开采，则为残留溪底，及混于丘陵上之土砂内部者，或更进而为聚积花岗石，与水成岩附近锡矿之开采而已。惟此间地势多变而少水，大规模之施工，则殊非所宜也。

五 水晶（Rock crystal SiO_2）

羊角岭矿山位本岛东岸，屯昌市南方五公里许。民国三十一年七月，日人经精密调查后，即行着手开采，以其矿床本体，系经风化崩溃，而埋没于表土中者，故得施行简单之露天开采。当最盛时期，月产十八吨，尔后，矿产渐减，最近月产仅三吨左右而已。预计残留矿量，为数有限矣。其水晶对于水晶发振机之电波器械之制作，为用甚广。

六 石灰石（Lime stone $CaCO_3$）

1. 燕窝岭及东方峨贤峒之石灰石 燕窝岭及东方峨贤峒，均位于乐东县东方市之东。其石灰石层，以黝色之结晶质石灰岩为主。其品位，含石灰分①五〇·四四乃至五三·七九％。氧化镁〇·六五乃至一·五％，质良而量饶。惜交通不便，运输困难，引以为憾耳！

2. 崖县抱披岭之石灰石 在三亚市北九公里许，地质为石灰岩及矽岩，以层状存于二叠纪石灰岩间，呈灰色或暗灰色，亦有含方解石者，其平均品位如下：

石灰	氧化镁	氧化铁及氧化铝	无水硫酸氧化铝	无水矽酸	磷酸化铁
五〇、七一	一·五〇	二·〇九	〇·〇五	三·五八	〇·〇一五

蕴藏量约有四百八十五万吨，其品质适于供水泥（洋灰）原料之需。

3. 落笔峒之石灰岩 位于三亚市北方十四公里，类似抱披②岭之石灰岩，呈暗黑色而质硬，其平均品位如下：

---

① "分"，疑为"粉"之误。——编者
② 原文脱"披"字，据上文补。——编者

石灰	氧化镁	矽酸	氧化铝	氧化铁
五二、一五	一·六五	一·七三	〇·〇九	〇·四〇

七 煤（石炭）（Coal）

1. 居朝园之褐炭 居朝园位于定安县定安市东南十七公里许。日人在民国三十年及三十三年间，曾调查两次。该地系由粗粒白色石英、砂岩及砾岩所组成。基盘为珪岩，不整齐之砂岩、砾石纵横其间。其狭炭层，则在此砂岩中，仅有七公尺许之页岩层而已。其露出长仅五十公尺，炭质水分多，而品质次劣，不堪供家庭燃料之用。

2. 陵水县浚岭之泥炭（Peat） 在陵水县城南方七公里许，其产地附近，乃由细沙及粘土所形成之平原也，高出水面五公尺之处，有泥炭层之露出，厚五十公分左右，在一百公尺之间，断续露出，矿量不大，并无开采价值也。

八 黑铅（Graphite）

牛厌岭之黑铅 在琼东县烟塘市北约七公里许。附近地质，由珪岩、片岩等之水成岩与花岗岩类所组[①]成者也。黑铅分两种，即在片岩中胚胎者，与在花岗岩中成为水晶体状（Lens）者，前者品位概低，呈石墨片岩状，后者大部分为鳞状黑铅，品质较为优良。附近一带，尚有多数黑铅矿脉，蕴藏量相当丰富，品位在三〇至五〇％间。其黑铅可供涂饰铸物模型，及电气化学工业之电极制造原料之用。应用简单之油浮选法（Oil floatation），足使品位升高。

九 本岛地下资源之将来

本岛北部，多为玄武岩及其他熔岩所覆被，考其地质，颇为

---

① 原文作"织"，据上文改。——编者

单纯,惟南部则花岗岩之发达,甚为显著,由此以贯通之水成岩,到处均有残留。贯通花岗岩之各种岩脉,尤为繁多,其形状亦感复杂也。本岛矿物资源之大部分,与花岗岩之贯入,有密切关系,种类亦多,究以何时代贯入之花岗岩与矿物资源,具有直接之关系,诚属将来探矿上一要点也。

分布华南一带之所谓香港花岗岩,系在中生代末期所贯入者,为供给该地各种矿物资源之火成岩,海南岛为此大陆之一部,自应与香港花岗岩之分布有关也。就地域上观之,北部之矿物资源发现之希望甚小,而南部花岗岩,则具有显著之发达,将来发现矿场之机会极多,且尤以残存花岗岩上之水成岩,与花岗岩之接触地带为然;故花岗岩与水成岩共存之地域,对于矿物资源之前途,较之单纯花岗岩者,尤为有望。

除前述石碌、田独矿山之外,复有若干小矿床,存于花岗岩、珪岩及与此类关联地层相接地带之间。石碌矿山,质良量富,在东亚可称首屈一指者也。其矿床交代作用完全,而无片刃状态,矿床全部系由优良铁矿所形成,乃世界铁矿中之特殊而不可多得者也。于其附近,续有保秀山、正美山等大矿床之发现,足证本岛铁矿资源前途,诚有未可限量者在。

考本岛将来矿产之开发,凡险峻区域,当较缓和地区为有望,良以该类地区之水成岩,常与花岗岩同时存在故也。是以腹地矿物资源,实较边地为丰富,只以治安关系,所能调查者,仅限于沿海区域,故本岛矿产调查,尚有待于将来努力也。就地质学上观之,矿物资源发现之机会,西部多于东部,且尤以昌化大江所围绕之白沙、昌江、乐东各县之山岳地区,以至五指山一带,为最有望。至由感恩以至乐东区域内,亦未可等闲视也。

然而欲在本岛发现煤炭、煤油之希望,则极稀少,盖就腹地运出之水成岩转石观之,并未见有煤炭页岩之含藏,而概为珪岩、砂岩故也。

要之,本岛虽已有大铁山之发现,然对于矿物资源,尚可称为处女地也。为研究探求其内容计,有组织之地质、矿物调查机构之设置,实为必要,盖矿物资源问题之解决,实有待于确实调查及研究故也。惟调查工作之能否顺利进行,则以地方治安,为先决问题焉。

第三节　盐资源

以太阳所赋予之光、热,本岛遂在盐业上占绝优之位置,就本岛气象而言,则全岛沿岸,殆无不可制盐之地,然关于设场条件,自有其优劣之分耳!吾人细察其在经济上,适于盐业经营之地域,诚属有限,惟若仅以当地小区域之居民为对象,而作自给自足之制盐,则全岛沿岸,几无不适之地矣。今后若欲用供化学工业原料,或以输出为目标,则实有建立大规模盐田之必要。下列三处其适地也:

一、崖县莺歌海。

二、儋县新英港附近。

三、崖县头灶村附近。

其一　莺歌海盐场

莺歌海盐场,在崖县最西端之莺歌海渔港背面一带,以湿地原野为主。其可为盐田之地积,约有三千四百公顷,不惟土质良好,且以其海岸在砂丘之背,可无建筑坚固外堤之必要,只须改筑背面河川之一部足矣。盐田以多设于河口附近之冲积土地带之故，每当降雨及雨季之际，则以制盐用海水，每被雨水稀释，致常陷制盐工作于不利，然该地以与河口远隔，如能开掘砂丘将海水径由外海导入，则周年可得浓厚海水，极为有利也。该处雨量，在八百公厘^①左右，以视台湾制盐地带附近雨量，不足半数，且其降雨大部，系在夏期，其他季节，连续晴朗。基于热带地区，以日照、风吹蒸发力强之故，复可充分利用。盐田地带附近，海面类属浅滩，产盐输送常感不便，惟该处由盐田终点，以迄莺歌港渔港，相距仅三公里许，略加设备，便可驳运至于本船也。

其二　新英港盐场

在儋县新英港后面东边之三角洲及其附近之附属地带。开辟盐田之可能面积，约为一千五百公顷左右，土质视莺歌海略逊，且以位于河口，与普通盐田，在降雨及雨季期间，以受河水影响，有被海水稀释之虞。但该处附近，潮水涨落之差度极大，乃本岛所罕有者，其潮水差度，常达三公尺^②许，故其导入海水，甚为便利也。如在河口部分，以桩木将三角洲而四分之，俾便于海水之引入，则须整理桩木，并设置护堤工程，以其附近尚有无数玄武岩之存在，故护堤工程费用，得以较为节省也。其位置，以偏于本岛北部，气象条件，虽不如莺歌海之优良，惟以内港广大，堆积便利，在本岛中，其集团面积，仅次于莺歌海耳！故在管理及经济上，均感便利，允推为本岛第二位之适当盐场也。将来本岛如能发展水电，而当海水利用工业勃兴之际，则利用此地为采硷盐田，实计之得者也。

---

① "公厘"，长度单位毫米的旧称，1公厘=1毫米。——编者
② "公尺"，长度单位米的旧称，1公尺=1米。——编者

其三　头灶村盐场

在崖县城西方六公里余之头灶村海岸，约有七〇公顷之适当面积，土质优良，以视莺歌海，并无逊色，海岸小砂丘，相互连贯，可御波浪，故无建筑外堤之必要也。且以地势平坦，工程费用较少，气象条件，亦较良好，故足供盐田候补地之用。惟面积过小，不适于大规模经营，应与三亚、榆林方面之原有盐田，合并经营，较为得计耳！

为便于上述适地比较计，特表列其要点如下：

区　　分	莺歌海	新英港	头灶村	合　　计
开发盐田面积	三、四〇〇公顷	一、五〇〇公顷	七〇公顷	四、九七〇公顷
土质	良好	中庸	极良好	
气象条件	在本岛中最良	稍逊	次于莺歌海	
外堤	工程简单	需有护岸石堤	不需外堤	
使用海水	得使用浓厚之外海水	受河川影响	少受河川影响	
积堆及搬运	良好	良好	稍劣	
一公顷生产估计	一二〇吨	一〇〇吨	一二〇吨	平均一一三吨
总生产量	三四至三八万公吨	一五万公吨	八·五万公吨	合计约六〇·五万公吨

第四节　轻工业资源

其一　纤维作物

一　黄麻及印度青麻（Ambary hemp）

黄麻栽植，以南渡江沿岸肥沃之冲积地为适地，"淡红皮种"

及"红皮种"为其主要品种。主要产地,以东方为首,定安、瑞溪、石桥次之。主要制品,为渔业用网布及麻绳。就雨量、湿度及土性言之,从兴隆至南桥地区,均将来有希望之适宜产地也。印度青麻,为黄麻之代用作物,虽旱地亦堪适应,本岛栽植,虽尚未普及,惟可与黄麻并行栽植,将来颇有希望者也。

二 苎麻

在本岛之麻纤维中,其品质当以此为最优,且强韧而耐久,易于染色。主要产地为万宁。以"白色种"及"绿色种"为其主要品种。制品以渔网为主。那大、南桥、兴隆一带,均将来栽植之适地也。

三 棉及木棉

岛内各地所栽植者,仅以自用自给为目的,产量极少,主要栽植地,以临高、那大、花场为首,东方、姜园次之。品种以"东洋棉"为主,观日人试作结果,以试作年数尚短,虽未可遽云成功,惟大抵以"美国陆地棉"品种为最佳;而以乐安、感恩、东方等处,为适宜之栽植地区焉。本岛棉作病害虽少,而虫害颇大,此亦为足以阻止推广之一主因也。本岛木棉(木质棉),则仅见于山地及黎界植之耳。

四 波萝麻

波萝麻乃从凤梨(波萝)所采取之纤维也,多产于文昌、琼山、东山等处,其果实可供食用。由其叶采取纤维,其织成之布与苎麻所织之夏布相类,多产于文昌县蚊塘市附近。

其二 树胶

本岛华侨所经营之树胶园,为数颇多,且尤以那大、嘉积为盛，栽植面积，达九十市亩①，约二十万株之谱，惟以气候关系，冬季（十二月至一月）落叶，务须停止采胶，以防树势衰退，目下尚难遽以大规模之产业目之也。

其三　单宁科类

利用于制革事业用之单宁材料，除相思树皮外，尚有红树皮（Mangrove）一种，生长于清澜、榆林、铺前等海岸间（参看林产资源）。

其四　椰子

椰子以文昌、嘉积等处为主要产地，本岛全产量之六〇％，即系由此处出产者。其由椰干（Copra）所榨出之椰子油，更可制造肥皂、洗剂、甘油（Glycerine）、乳油（butter）、食用油等之用。其渣粕供家禽饲料。果皮之纤维用制绳扫刷。外壳为活性炭气之原料。自种植后，迄开花结实止，须经六七年（普通四年半乃至五年），其经被害虫侵蚀之枯树，应予烧灭，以免传染。

其五　海棠

本岛东南部，随处均有栽植，其油可供为灯油，渣粕可供肥料之用。

其六　胡麻

当地称为芝麻，有黑、白两种，各地均有生产，尤以琼山、

---

① "市亩"，当时通用面积单位，1市亩=0.0667公顷。——编者

儋县、文昌、陵水等地为多。种子可供食用，并以制麻油用。

其七　油桐

油桐为优良之干性油料，其主要品种，有广东油桐及中国油桐两种，那大附近，冷密所植者，多为广东油桐。

第五节　重要水力资源

发电所名称	位　置	型　　式	落差（公尺）	流量（立方公尺每秒）	最大出力（KW）
昌江第一	白沙县沙河	溢流堰堤式	一四·〇	一〇·八	一二、〇〇〇
昌江第二	乐东县歌枕	同	一四·〇	一〇·四	一一、五〇〇
昌江第三	乐东县东方	溢流堰堤式及水路式	四七·五	一〇·一	三八、〇〇〇
昌江第四	乐东县江边营	溢流堰堤式	四二·〇	九·八	三二、五〇〇
计					九四、〇〇〇
南渡江第一	龙田	溢流堰堤式及水路式	四九·五	六〇·〇	二四、二〇〇
南渡江第二	松浦	同	二九·〇	五〇·〇	一一、八〇〇
南渡江第三	三豆	同	七四·〇	四二·〇	二五、三〇〇
南渡江第四	日月	溢流堰堤式	三五·〇	九·〇	二、六〇〇
南渡江第五	周菊	同	四〇·〇	五·〇	一、二〇〇
计					六五、一〇〇

续表

发电所名称	位　置	型　式	落差（公尺）	流量（立方公尺每秒）	最大出力（KW）
万泉溪第一	嘉乐	溢流堰堤式及水路式	二三・五	六八・〇	一三、〇〇〇
万泉溪第二	黄竹	同	六〇・〇	七八・〇	三八、一〇〇
计					五一、一〇〇
藤桥溪	禁姆苗	溢流堰堤式	四七・〇	二・五	一、〇〇〇
宁边溪第一	比隆洞	同	二七・〇	一二・〇	二、六〇〇
宁边溪第二	好计笃	同	一一〇・〇	九・〇	七、六〇〇
宁边溪第三		溢流堰堤式及水路式	七五・〇	六・〇	三、一〇〇
计					一三、三〇〇
望楼溪第一	马头岭	溢流堰堤式及水路式	四二・〇	一〇・五	三、六〇〇
望楼溪第二	抱扛峒	溢流堰堤式	一五・〇	四・〇	四、五〇〇
计					八、一〇〇
感恩溪	龙潭	溢流堰堤式及水路式	二五・〇	六・〇	一、四〇〇
总计					二三四、〇〇〇

第三章　农林计划

第一节　农业

本岛介北纬一八度至二〇度，东经一〇八度二〇分至一一一度间，北控海南海峡，而与雷州半岛相接壤，西距东京湾，而与安南相遥望，东南面临大海，而与西沙群岛相对峙，乃南中国海中一孤岛也。其气候、风土，概属热带及亚热带，全岛总面积约计三、四二九、一二九公顷，视台湾略小，居民以汉民族二百二十万为主，益以黎苗族三十万人，约计在二百五十万左右，居民自古以农牧为生，现自交通口岸，以迄内地，类皆从事开垦，经营农业，只以文化程度较为低劣，故其经营方法亦极粗放。日人垂涎本岛之经济价值者，非一日矣。关于农业之开发，尤抱极大之野心，故当侵占之初，即使其在台湾及南洋方面，经营农业，卓著成效之农业公司，斥其雄厚之资金，历久之经验，咸集本岛，俾负开发之重任，并广征专家及技术人员，分赴各地农家，从事指导，收效至巨。

查本岛地属热带，且具天赋之热量，虽雨量分布，略欠平均，然如能讲求水利灌溉之法，不难设法补救，重以本岛农民，率皆勤劳，相与配合，终当为我国惟一热带理想农业区，以与华南产业争辉也。

其一 稻作

一 食粮自给与米之生产

米为本岛主要食粮，故稻作于农产中，最为普遍；惟吾人若由其过去之历史，与今日之状况而比较之，则仍难使人满意也。考其水田面积共约三十万公顷，生产量每公顷八·五石①，则全部仅二百五十五万石，而全岛人口共二百五十万人，平均每人消费量以一·七石计，则不足一百七十万石矣。如此巨量不足之数，在他处势将发生饥馑现象，所幸本岛人民，生活程度较低，米粮产额，虽感不敷，仍可由薯芋、豆类等杂粮以补充之，惟此种杂粮产量，仍属不多，故年中大量米粮，仍须由岛外输入也。

二 以食粮自给为目标之稻作增产计划

如上所述，本岛缺米一百七十万市石之严重问题，自应亟谋解决，不容忽视者矣。至其补助食粮之杂粮类，应专供家畜饲料之用，准是计划，俾此热带及亚热带农地，得以早日开发，于二十年内，完成足以容纳五百万人口之近代化产业地区，固应努力以赴者矣。

主要食粮之米，每人年需量以一·七石计，则五百万人，共需八百五十万石。补助食粮之杂粮类，共需一百八十万石，合计需年产一千零三十万石，方足自给，而用供家畜饲料之杂粮，仍须另谋生产也。如能达此目标，则将来本岛人口虽增至五百万人，当无食粮缺乏之虞矣。

---

① 当时通用容积单位，1石=100升。——编者

三　食粮增产计划与政府之援助

以年产米二百五十五万石之现状，而欲其于二十年后增进至三倍数量，殊非易易者也。惟国家政策，不欲其实施则已，苟欲其推行无阻，则经费、器材、技术等，均应予以有效之扶植，以期次第实现，固不待言也。

四　米粮增产计划之基本条件

在本岛应行米粮增产，既如上述，而其计划之基本条件，应从农业技术上考虑者，约为下列二点：

1. 耕地之改良与面积之扩充。
2. 单位面积生产量之增加。

关于第一点，容于农田水利及开垦事业章中，再详论之，兹专就单位面积之生产及其收获量之增加计划检讨如次：

1. 品种之改良　改良本岛稻作品种之法有二：一为由岛外（台湾）输入优良之品种，选定适地，广为栽植，俾收速效；一即就本岛土种中，选定优良品种，予以推广，俾从试验中得改良之实效。惟以本岛农业技术，尚未发达，若欲采用后法，在短期间内，恐难如愿以偿，不如采用前者之较为得策也。即由农业技术已臻进步之台湾，输入其已有定评之优良品种，实行试作，以为适于本岛栽植之品种之选定。前经日人输入栽植，而已获相当成绩之品种如下：

（1）蓬莱种（台中六五号、高雄十号、嘉南二号）　蓬莱种乃于台湾育成之杂交种也。其性质适于一般灌溉排水利便，土质肥沃之地，而不适于看天田或湿田之栽植。故从来仅栽植于日人所设之各农林公司所经营之直营田或特约（指导）田中，尚未普及于一般农民也。惟将来对于农田水利工程完成之耕地中，如能指导农民，从事栽植，则其产谷量可望上田一公顷，达六千斤以上，中田达四千斤以上焉，最佳者且有达八千斤者；即上田产米二四·四石，中田一六·四四石，最佳者竟达三二·六四石焉。

（2）台湾土种（白米粉、敏党、冈山太白、菁果粘、短脚、芦等） 泰半栽植于尚未实施耕地改良之湿田中，而为日人技术指导所及之区域者也。每公顷产谷量可获二千斤乃至三千斤左右。即产白米八·五至一一·二四石也。

本岛土种中，亦不无适于各地栽植之优良品种，惟仅限于少数殷富农家之栽植，尚未普及于一般农民也。

2. 正条栽植之普及 正条栽植，不仅为通风、采光、施肥、除草、刈割等水稻管理作业上所必要，抑亦稻作改良之基础，故应予指导，并强制执行之。

3. 原种场之实施 稻为风媒花，极易与附近其他品种相杂交，虽属优良品种，若管理不得其法，则两三年间，其原种性质，便不难丧失也。故应选择与其他品种得以避免杂交之适当场所，以为原种田用，其每丘面积，约为五至十公顷许，俾纯系优良原种，得以保存，而资当地稻种供给之需，即所谓"母场"是也。拟在嘉积、琼山、定安、万宁、陵水、北黎、儋县、那大等地，各设原种场一处，以便各地稻作改良增产之需。

4. 厩肥堆肥之奖励利用 本岛农民，向无施用肥料之习惯，仅利用其猪牛栏附近，饱沾粪溺之泥土，加覆耕地而已。就中且以水稻为尤少，如欲命其利用科学肥料，则一时尚难遵办也。但为维持地力起见，可先从制造自给肥料入手，彼等家畜，向有放牧习惯，若欲制造自给肥料，即应先行建筑猪牛栏舍，舍内涂以水泥，四壁筑以砖石，地面略斜，俾便粪溺流集外窖。至于建筑费用，可由政府补助其一部，以利实施。至于由杂草、稻草与厩肥以制造堆肥工作上，所需之技术指导，则由农业指导员负责可也。

5. 改良农具之普及使用　查锹、深耕犁、脱谷机、动力碾米机、打稻器、箕筛等农具，在日本及台湾农民所使用者，远较本岛为优胜，可由台湾输入，以为样本，然后依式在本地制造，指导农民使用，并次第推广之。

6. 农事指导员之实地工作　吾人若按照计划，以求稻作及杂谷等主要食粮作物之改良增产，其首要工作，厥为农事试验场所训练之指导员，应各分派各农村以从事于稻作改进技术及施肥、害虫防除、调整收获等，各项问题之实地指导，则对于改良增产，必可大有收获也。尔外，并于各地，举行农产品评会，实行奖金制度，鼓励农民，以引起其竞争和合作心理之发生，其收效当亦可睹也。

其二　甘薯及杂谷类

在本岛人口增加至五百万人之预定计划下，其食米之需要量，年约八百五十万石，其补助食粮类之甘薯及其他杂粮，为一百八十万石，今按照是项标准，以订定其生产计划如次。

一　甘薯

甘薯亦称番薯，为本岛居民最重要之补助食粮，故不论为临海砂地，或山间僻壤，率皆随处栽植，且以西南部各地为尤盛。设本岛之旱田面积为六万公顷，则其栽植面积，当占四万公顷以上，设其二次作者占二万公顷时，则栽植总面积亦当达六万公顷也。本岛土种，每公顷年产四千斤则年产可获二亿四千万斤也，以此制为薯干，可得六千万斤，以担计之，则相当于六十万担矣，今设其所需补助食粮一百八十万石中之六成系属甘薯，则应需一百零八万担也。若果估计无误，则吾人之生产计划，应使现在甘薯栽培面积，扩展至十二万公顷，或设法使单位面积生产量，增加一倍以上，方足供应也。

又查本岛甘薯之土产者，品种、施肥、中耕、管理等均极窳劣，益以虫害猖獗，故单位面积之产量极少，每公顷产量，一般仅在四千斤左右而已！惟由日人所输入之台农二十七号，则发育速，虫害少，产量可达六千斤以上，故欲图甘薯之增产，一面固应力求栽植面积之扩充，一面并应奖励优良品种之引用，双方并进，终不难如愿以偿也。

二　杂谷类

黄豆、乌豆、玉蜀黍、粟、荞麦等类杂谷，在岛内各处，栽培甚多，惟品种低劣，收量微少，以缺乏可靠资料，尚难确定其生产量，惟六万公顷之旱田中，甘薯栽植地，共占四万公顷，其余二万公顷中之四分之一（即五千公顷）用供杂谷之栽植，余供甘薯、落花生、蔬菜、果树等栽植之用。杂谷类之产量每年每公顷以一千五百斤为准，则总收量可达七百五十万斤，既约合六千万石也。若预计以杂谷类补助食粮数量为八十万石，则需要相当于现在栽植面积之十三倍强，即需有六万五千公顷之栽植面积，亦即需增加其旱田面积至六万公顷也。

查岛内林野中，尤以那大、和盛、南丰、大成为中心，及以龙门、龙塘岭口为中心之地域，可供开垦之地甚多，故为杂粮增产计，固亟应积极从事于林野之开辟，以资利用而厚生者也。

考本岛杂谷类，以视台湾、爪哇、安南各处所生产者，其品质深感不如，今后亟应输入优良种子，以谋单位面积收获量之增加焉。

三　其他粮食作物

木薯（亦称薄枫）（Cassava or Tapioca）及粉薯（又名西米薯 Arrow-root）两种，为较次于杂谷类之补助食粮，前者适植于山间富于有机质之肥沃土地，后者则在本岛北部之草原地带，有繁殖之可能。

木薯与番薯相类似，除可供煮食外，并可切片曝干，贮藏备用，或制为淀粉，及结晶状态，干燥后供贮藏食粮之用。

其三　甘蔗

我国以战胜之结果，已使优秀糖业地区之台湾，复入祖国怀抱，食糖之供给，似可高枕而无忧，惟就我国之大量需要，与生产的之分散政策言之，则海南岛之糖业，仍不失其重要性也。兹分述如次：

一　本岛糖业之特色

查日人当占领本岛之初，对于本岛糖业，并未采取积极奖励方针，只由其农林公司中，就台湾、南洋各方之具有糖业经验者，由台湾或其他地方，作大茎种如 PoJ.2725，PoJ.2883，F108 等之优良品种之输入，试植结果，深感其发育状况及糖分上升率，不仅远胜本岛土种，且视台湾所产者，成绩尤佳，至糖分上升期间，于台湾须一年有半，而本岛则仅需十二个月，乃至十三个月，已臻充分，尤为本岛糖业之最大特色。再就位置言之，则以本岛与香港、广东等之大消费地相接毗，抑亦本岛蔗糖运销上之一大优点也。

二　生产目标

1. 砂糖　战前台湾之砂糖生产量，年约一千七百万担[①]，其中有一千三百万担，乃至四百万担，则输入内地。然我国食糖之由爪哇输入者，仍复不少也。

现时台湾虽已收复，而我国砂糖之需要，为量更巨，故对于本岛将来糖业，至少应即增辟得以生产白糖五百万担以上之耕地，方足供应裕如也。

2. 燃料代用酒精　当日人占领本岛时，燃料方面，如"汽油"之消费量，年达六千吨（即三〇、〇〇〇大桶），今假定此后之消费量，亦大略相若，十年后，再消耗加倍，则每年当消费一万二千吨（六〇、〇〇〇大桶），若以红糖一万担，可能制造酒精二百吨（一〇、〇〇〇大桶）计，则制一万二千吨之酒精，必需六十万担之红糖，在前述五百万担之生产计划中足资应付矣。盖在液体燃料供应困难之本岛，酒精之需要，为不可忽者。

3. 生产计划　本计划以生产白糖五百万担为目的（其中包括六十万担为供制造一万二千吨酒精之原料），其生产计划要点如下：

（1）生产地址选定　岛内之白糖生产地，按照以往生产成绩，列叙如下：

东北地区：儋县、那大、澄迈、白莲、嘉积、龙塘、岭口附近。

西南地区：藤桥、崖县、九所、感恩附近。

（2）所需土地面积　本岛土种甘蔗，一公顷仅可收获二万至三万斤，且其所含糖分太低，应以改植大茎种为宜，此种大

---

① "担"，即市担，为当时通用之质量单位，1担=50千克。——编者

茎种，则台湾每公顷可产蔗十二万斤乃至十三万斤，糖分为十一％。当移植本岛之初，估计平均每公顷可得十万斤，糖分为十％。则每公顷可产白糖一万斤（一百担）。若生产五百万担，则需五万公顷之甘蔗耕地，即现在蔗园面积，应扩充至十倍以上也。

（3）糖业之经营主体　制糖事业及酒精制造，与国计民生，关系密切，故原则上应由国家管理，然而国营事业，有时亦利弊参半，仍以公司为经营主体，而由国家加以监督管制，或较为适当，所谓官督商办是也。

（4）农场及工厂之设施　第一步骤，应以日人所设农林公司、原有工厂为基础，并设置直营六成、特约四成之农场，以运用其原有设备，先从事于粗赤糖之生产，并进谋白糖工厂及酒精制造设备之完成。第二步骤，由粗白糖及酒精制造工程开始，第二步骤之设备，应充分移用日本及台湾之现有设施及其技术。至于工厂之设立数目，如以每工厂最低年产量二十万担计（甘蔗耕地二千公顷），则全岛应有二十五所之设立。按照地理条件，新垦地以大规模，已垦地以小规模经营为宜。

其四　油脂作业与油脂工业

一　生产状况

本岛之植物油脂，以视温带地区，种类繁多，战前颇多以原料向内地及海外输出者，迨战争发生，与海外交通断绝，其生产量逐渐减至仅足供岛内消费而已。今后果能从事于新式榨油事业及油脂工业之振兴，则可能产量激增，而占本岛输出品中之重要地位也。查战前本岛由主要油脂原料所制造之油脂量，颇难稽考，兹将关于生产之两种调查报告，列表如下，以资参考：

原料名	甲种调查书	乙种调查书	主要产地
椰子	二、二四五（吨）	五、二〇〇（吨）	东南部地方
胡麻	七五四	一、七〇〇	南渡江右岸地方
落花生	一、〇〇六	二、三〇〇	琼山、文昌、儋县、定安、崖县
合计	四、〇〇五	九、二〇〇	

上表所列两种调查中，假定产量半数，向供岛内消费，则可供输出者，甲种约二、〇〇〇吨，乙种约四、五〇〇吨之谱。

二 增产计划

查广东全省，在战前每年约需输入落花生二十万吨，可榨油八万吨左右，若加以香港及其他各地，则年消费量，便达十五万吨以上，假定其中五分之一系由本岛供给，则本岛年可输出油量三万吨也。吾人如避免椰子类生长期长植物之栽植，而谋生长期短之落花生、胡麻等类之增植，抑亦增进本岛经济力之捷径也。落花生且可供绿肥作物之代用，借以维持其地力，故尤亟应奖励增产者也。其奖励增产之方，应即采用由台湾输入之优良品种，良以该项品种，业经试验成功，本地所产，其品质深愧不如也。例如：（1）台湾土种之白油豆，（2）直立性爪哇小粒三号，（3）葡萄性爪哇大粒等，皆其试验成功者也。

三 榨油设备之改良

本岛旧式榨油，多用最旧式之楔压法，例如落花生仁，本含油分四五乃至五四％，而仅能榨出生油三五乃至三八％，贵重油分任，令遗留残渣中，损失实属不赀，故急应改用水压式榨油法以补救之。该项工场，以设置于集散地，而具有动力之海口市，最为利便。且将来棉花栽植，日臻发达时，并可利用棉籽，以榨取优良之棉籽焉。故新式榨油工厂之设立，实为必要。

四　榨油事业与副产物

花生仁经榨油后，其所遗残渣，可用为家畜饲料或肥料之需，如用楔压法时，则以残留油分尚多，故极易于变质，而致减损其用供饲料或肥料之价值。其由新式榨油法所榨制者，不惟足以保存其效力，并可增加其价值，故从事于以油脂为原料之各种工业之经营，亦殊有裨于本岛经济力之增强者也。

其五　棉花

棉花不仅为纺织工业之主要原料，抑亦国民经济及军需上不可或缺之资源也。查棉花本系热带或亚热带产植物，故本岛棉作，实具有天然有利条件。尔往在南渡江流域之文昌、琼东、万宁等地，栽植颇多，居民之手工纺纱织布，亦极风行。泊乎近世以英国纺织工业操纵世界市场，此种手工业，已渐次衰替。战争发生后，日人则在本岛虽曾从事于棉花之试植，惟终鲜优良之成绩，其主要原因，盖以栽植技术，未臻完善，害虫防除，尚欠周密故也。然此绝非技术上不可改进者也，经日人研究，谓本岛植棉之所最感困难，厥为暴风与害虫两项问题，惟该项问题，业经历年研究，已获避免防除之方，植棉前途，当不难渐入佳境焉，

一　棉花生产之计划目标

据日本纺织联合会调查统计结果，谓东亚各国，平均每人一年间之衣料需要量及其关系原料（棉花）需要量之报告如下：

国　别	所需衣料（码）	所需棉花量（斤）
中国	一五	三·三
日本	二二	四·九
南洋各地	一〇	二·二

假定以中国人口四万万，每人每年平均需衣十五码，需要棉花三·三斤计

3.3 斤 × 400,000,000=1,320,000,000 斤（13,200,000 担）

则四万万人之棉花需要总量，为一千三百二十万担，而战前国内生产之棉花量（约五百万担），与输入棉花量（三百万乃至四百万担）两者合计，仍不足四百乃至五百万担也。故全国至少需增加为年产一千三百万担（日本往时棉花输入之最大量，为一千一百万担乃至一千二百万担）。需要增加之棉花数量，既如此庞大，自应于国内选定适宜地域，订立生产计划，从事增植，海外输入，始克渐次减少也。本岛适于棉作，既如上述，本岛人口增至五百万时，所需十六万五千担之棉花，亟应从事生产，以谋自给而不容缓也。

二　棉花适地之选定

选定岛内棉作适地，其方针有二：即选为播种季节，应于本岛干燥期之十二月至二月间（此系本岛原有习惯），或在五六月雨季开始时行之。

如在北部地方，二月至五月间，既成水田或旱田之休闲地，及西南既成水田之休闲期间，足资利用之地，既不需土地之新垦，复无庸外方劳力之补充，而可获得数万公顷棉田之选定。主要地区为东山、定安、澄迈、福山、福来、那大、临高、嘉积、中原等处，惟在六七月雨季期间，其播种时期，以与本岛夏季食粮作

物之播种期相抵触，如欲利用既成水田及既成旱田，以图大规模植棉之进行，实不可能，故不得不从事开垦，以谋新耕地之增加，下列地带，皆可图之地也。

（1）北黎、东方（地名）间之丘陵树林地带。

（2）那大、和盛、雅盛、大成间之树林地带。

（3）海头溪上流之操头、高石、和盛、雅盛间之树林地带。

以上各地带，由其地质、地形、雨量、分布等各自然条件观之，谓之为本岛内最适宜之棉作地带可也。其面积均在十五万公顷以上。然以现在治安及交通情形之欠良及劳力之不足等关系，仅适于将来内地移民，以树立大规模之农地开垦及棉作计划之实施也。

三 棉作增产实施计划

本岛棉作现状殊无可观，既如上述，兹特将今后增产新计划时，所应行实施事项，分述如下：

1. 棉作试验机构之设置 本岛棉作年来经日人试作者，为北黎之南洋企业公司，崖县之南洋兴发公司，三亚之六乡移民村及产业试验场，其试验成绩，约如下表：

农场名	品种名	播种期	开花期	开絮期	发育状况（公尺）	生长期间（日）	每公顷收获量（斤）
南洋企业（三十二年）	Taxas	七月至八月	八月末至九月中旬	十月中旬	一·二〇	一二〇	六〇〇
	Express	同	同	同	一·一〇	一三〇	六〇〇
	Trice	同	同	同	一·〇〇	一三〇	五五〇
	Delfos	同	同	同	一·三〇	一三〇	五〇〇

续表

农场名	品种名	播种期	开花期	开絮期	发育状况（公尺）	生长期间（日）	每公顷收获量（斤）
南国产业（三十一年）	Sakehlarides（Sakel）	五月一一日	七月二六日	九月中旬	二·〇〇	一三〇	二七〇
	同	六月一二日	九月六日	十月中旬	二·〇〇	一三〇	三〇〇
	Pima	六月一一日	七月二八日	九月七日	一·〇〇	一二〇	五〇〇
南洋兴发（三十年）	Pima	八月二七日	十月二二日	翌年一月四日	一·七〇		
	Stonville	八月一日	九月一七日	十一月三日			一、二二四
	同	八月三一日	十月一五日	翌年一月一五日			一、三八〇
六乡村（三十四年）	Express	六月中旬	八月上旬	九月下旬	一·〇〇	一〇〇日至一二〇	四五〇
	台农五号	九月上旬	十月下旬	十一月中旬	〇·八〇	同	三〇〇
试验场（三十四年）	台农五号六号	不明	不明	不明	不明	同	甲区三〇〇／三四〇 乙区三四七／三六六

综观以上记录，则以往试验状况，当不难推测也。只以技术人员之缺乏，及除虫药剂之不足，尚未能获得良好之成绩，故尔后于本岛实施植棉计划时，先应设立棉作试验场，俾于棉作增产，更作二三年间之试验研究，以便基本方针之决定，并由该场负棉

作指导之责,俾从事于实地之督导推广,则本岛棉业之成就,当不难计日而待也。兹略举棉作试验机构所应举办之试验项目,及总场分场之地点如次:

(1)试验项目

a. 地方气象状态之调查。

b. 适当品种之选定试验。

c. 栽培管理方法之研究。

d. 害虫防除方法之研究。

e. 轮作之研究。

f. 棉农经营状态之研究。

g. 优良品种之分配。

h. 药剂、肥料之分配。

i. 棉作之指导。

(2)总场及分场

总场设置于海口、琼山附近(面积约二十公顷左右)。

分场设于澄迈、嘉积、那大、北黎、三亚(面积约五公顷左右)。

2. 棉作场之设置

(1)既垦地　利用东北部地方之既成水田或旱田之休闲期间,以为棉作之经营者,以设于该地之棉作试验场及分场为中心,负种子、药剂、肥料之分配、栽培及运销经济等指导之责,在东北部地方,应以四万公顷,供指导栽培之用。

(2)未垦地　开垦西南部地区,应更注重北黎至东方间,或由那大至海头溪上流间之树林地带,以便形成新农耕地,而备从事棉作之经营。惟以该地劳力食粮均感不敷,亟应采取移民垦荒政策,以应急需,其实施方法可得而言者:

a. 实施机关　国营棉厂。

b. 地点　那大至北黎间。

c. 土地面积　第一期十万公顷，第二期十万公顷。

d. 殖民户数　二〇、〇〇〇户（约一〇〇、〇〇〇人）。

e. 实施期间　二十年间。

f. 每户土地分配面积　约一〇公顷（开垦完成时即免费赠予）。

g. 作物种类　食粮作物（约利用三公顷），陆稻粟、玉蜀黍、落花生、甘薯、豆类等。纤维作物（约利用三公顷乃至四公顷），棉苎麻、黄麻、龙舌兰等。

h. 家畜　水牛或黄牛、猪、鸡等。

3. 实施棉花增产时所应注意之点　在本岛尚乏植棉习惯之区，如欲强制植棉时，所应注意之点，列举如次：

（1）植棉专门人员之采用及指导人员之养成。

（2）政府之有力援助与保护政策之有力实施。

（3）关于农民之技术指导事项。

（4）虫害防除方法之研究，与澈底有效之对策。

（5）其为未垦地之利用者，政府应予特别奖助。

（6）纺纱工厂之设置。

4. 其他纤维作物　本岛除棉花而外，具有经济价值之纤维作物，亦复不少，黄麻、苎麻等，产量尤夥，且复各占商品中重要位置。今后如能积极奖励，抑亦作物中之有望者也。

各种麻类生产状况：

（1）黄麻

产地　澄迈、东山、定安、瑞溪、嘉积、烈楼。

产量　年产约八十五万斤。

用途　制网、麻袋、织布（交织）。

（2）苎麻

产地　那大、琼山、嘉积、万宁、陵水、藤桥。

产量　年约六十万斤。

用途　渔网纺织。

（3）赤麻（野生纤维）

产地　澄迈、嘉积、万宁、陵水。

产量　年产约三十五万斤。

用途　织布。

（4）索麻（野生纤维）

产地　澄迈、定安、东山、嘉积、瑞溪、烈楼、海头。

产量　年产一百二十万斤。

用途　织布（交织用）及制网。

四　增产计划

1. 生产目标　本岛现有纤维总生产量，约计三百万斤，以就地消费为主，惟尚未有供麻袋纺织用者。若供海口、琼山县城，日人所设之织布工厂，用为交织材料，或供制造麻袋之用，其年产额，如不达五千吨，则终不能供外地之输出也。

2. 增产指导　此项纤维作物，已为一般农民所熟知，关于栽植，虽无从事指导之必要，至于收获、制造、包装等技术之改进，足以有助商品价值之增高，故各该项技术，似应有亟予指导之必要也。收获后，政府并应予以高价收购，俾资鼓励，盖亦促进增产之一策也。

其六　烟草

本岛烟草栽培，向极简单，在抗战以前，以无近代化制烟工厂之设立，除供本地农民或黎族自给外，余悉携市沽售而已。故其产量，为数甚微。迨民国三十年底，日人始于海口设立南国烟草公司，就地制造，以代日本或台湾制纸烟之输入及岛内所产烟叶之使用，惟对于日益增加之消费量，终感不敷供应，其原料所需，仍需仰给日本或台湾产烟叶之输入也（该公司在日本投降后停工）。查烟草与棉花，固同属热带及亚热带所产作物，而逐渐引种于温带内者，惟本岛虽属栽培适地，然仍须仰给异地，良深惋惜！兹以自给自足为目标，订定生产计划如次：

1. 生产目标 南国烟草公司之最高制造能力，一年间约需原料八百吨，民国三十三年至三十四年间，以岛外输入困难，乃改向岛内（主要为那大）收买，惟其购得数量仅十吨而已！尔后如欲于短期间内，仅恃岛内产业，以资制造，绝难有济。兹特另订计划，预计于今后十年内，每年消费量八百吨中，其五百吨由岛内供给；换言之，即其最高需要量八百吨内，三百吨仍须仰给岛外是也。

2. 栽植适地 本岛烟草播种，通常于每年十二月至翌年一月底之干燥期间行之，盖于此期间，害虫不易滋生，烟叶得以保持完整故也。其栽植适地，应择肥沃土壤，在发育期间，适当之温度及水分，尤为必要，当风之地，务须设法避免。本岛之那大、保定及崖县附近，均其适当之烟草栽植地也。

按照历年烟草栽植结果，北部之那大、和盛、高石、龙塘、岭口，南部之保定、加茂、崖县、九所、乐安等地，最为适宜。

3. 栽植面积 干烟叶，每公顷之生产量，在台湾统计为一、五〇〇至一、八〇〇斤，本岛以气候、土质，极相类似，故可收获一、八〇〇斤左右。如按照计划，每年须生产五百吨（八三〇、〇〇〇斤），则其栽植面积，约需四六〇公顷，予以北部三百公顷，南部一百六十公顷之分配可也。

4. 干燥设备之普及 本岛土种烟草，摘叶而后，仅赖日光晒干，若从事于美国黄色烟叶之改植，则应有干燥室之设备，利用热气，使之干燥，俾得保存特质。此项干燥室，烟农三十家，共设一间，足敷应用矣。（其栽植面积约十五公顷至二十公顷）

5. 技术指导 美国烟叶之栽培管理，须有优良之技术指导，故应招收技术人员，予农家以实际训练，并代为设计，俾免发生困难。

6. 肥料

（1）肥料施用之重要　本岛土壤，以管理不良，每有以土壤分解，而致养分流失，地力陷于瘠薄者；耕作时，如能充分施肥，仍可获致良好之效果。故一般农家，均渴望肥料之获得，然化学肥料，购入不易，故仅作以人畜粪尿为主，或少量之骨粉及油粕等之施用而已！本岛一般农家，对于肥料，知识既极幼稚，技术（施肥期、施肥量及施肥法等）亦欠合理，嗣后施肥技术之指导协助，实为必要也。

（2）自给肥料之奖励　凡于本岛可取之肥料，务须尽量保存，善为利用，并指导农家，达到肥料自产自给之目标，如非必要，决不向外购买。惟若求自给肥料作合理之利用，各项设施，仍须分别具备也。

a. 人粪尿（每人年约一、〇〇〇斤）　人粪尿虽已有相当之利用，惟仍应奖励公厕及粪池之设置，俾所有人粪尿，得以全部利用，并供堆肥之制造。

b. 牛猪粪尿（牛每头年约二四、〇〇〇斤；猪每头年约三、〇〇〇斤）　应奖励牛猪舍之改造，并设置粪池，或利用厩舍敷藁，以制堆肥。

c.堆肥（包括厩肥、土粪） 利用人畜粪尿，厩舍敷藁及其杂草、垃圾等，制造堆肥，以便有机质肥效之补给，而期地力之增进，并从事于堆肥屋舍之新设，及堆肥制造及施肥等各项技术之指导。

d.富于钾肥之草木灰类 应予尽量搜集贮藏，俾便利用，至工厂及都市家庭之灰类利用，亦须予以考虑。

e.骨粉 搜集牛骨及猪骨，制为骨粉，以供磷肥之补给，并设立骨粉制造工厂，以谋优良骨粉之增产。

f.油粕 如欲利用椰子、落花生、胡麻、大豆等各种油粕，以供饲料或肥料之需，应先设立农村合作组织之榨油工厂，从事榨油，俾便农家所需肥料得以自给。

g.绿肥 栽培大菜、豌豆、大豆、田菁、绿豆、米豆、柳豆、猪屎豆及其他豆科植物以为绿肥，不特最易，且著实效。栽植用地，尤须奖励休闲地之利用，俾免土壤养分之流失。

（3）化学肥料之输入 仅用自产肥料，仍未足以餍岛内之需要也。应更进一步以求化学肥料之输入，其所应输入之肥料如下：

a.硫酸铵 氮肥之含量最富者为硫酸铵，应以每公顷输入一千斤左右为准。

b.过磷酸石灰 磷肥之含量最丰富者，为过磷酸石灰，以每公顷输入六〇〇斤左右为准。

c.大豆粕 输入华北之大豆粕，补充岛内肥料之不足，以其输入较易，以每公顷输入二、〇〇〇斤左右为准。

（4）肥料制造厂之设立 硫酸铵、石灰氮素或过磷酸石灰制造厂之设立，对于肥料自给计划之实施，固极切要，惟应以强力之电气及工厂资材为先决条件,如欲设立完美之肥料制造厂,诚恐欲速不逮,不如先设榨油、骨粉及利用谷壳制造之矽酸钾等工厂,以利肥料生产之较易收效焉。盖以此项工厂所需原料,均可就地取材故也。

(5)肥料贩卖管制机关 肥料数量,需要既巨,以来源各别,其品质不齐,自属难免,为顾及农民利益计,政府应施行肥料检查及价格统制,并责成各地合作社,负供销之责,以谋金融合理之调剂,而免商人意外之剥削。

第二节 农产加工业

其一 精米事业

吾人以米为主要食粮,应亟谋米粮之增产,并力求碾谷精米事业之加强,俾收相辅而成之效。本岛农家,其精米工作,普通均用土磨及石臼,殊不经济。若从劳力之经济及粮食之保存上着想,谷米均应由国家管理,以谋统筹分配,按照产量设置碾谷机,精米机,并建筑仓库,以收储运之利。农家之自行精米者,亦应普及指挥,并予以精米机使用之便,以求精米能力之提高及白米成数之增加,谷壳土砂之消除,而达米质向上及储藏完备之效。至此项精米工厂及米谷仓库,系以公营或合作经营,最为理想。

其二 制粉事业

食粮增产,并应注意食粮加工,于精米工厂内,附设制粉设备,以从事于大麦粉、裸麦粉、小麦粉、甘薯粉、木薯粉、香蕉粉、西米粉、米粉、玉蜀黍粉、荞麦粉、豆粉等之制造，并强化其事业，而便各种食粮之增产加工。

其三　制糖事业

本岛畴昔使用之旧式制糖器械，糖量所得，仅七至八％左右而已，若改用优良机械，则可增至十至十二％。应即设立改良糖厂，以便红糖及白糖之奖励指导及其产量之增进。

其四　榨油事业

关于椰子油、落花生油、胡麻油、蓖麻油等之榨制问题，可参照本章第一节其一之四"油脂作物与油脂工业"行之。此外，尚须指导奖励薄荷脑及香茅油等之制造，盖亦农家有利之一副业也。

其五　酒精制造事业

设立糖蜜、砂糖或以番薯为原料之酒精工厂，以制造酒精，而供燃料之需。从国防见地上言之，盖亦切要之图也，应即积极奖励，并协助各糖厂，俾各有酒精工场之设备，以便酒精事业之发展（参考本章第一节其三"甘蔗"一项）。

其六　酱油及酱料

吾人食馔调味上最感重要之酱油及酱料，在日人侵占时期，已有海口水垣、北黎绪方、嘉积安部幸、崖县南洋兴发、新英竹内等各工厂之设置，从事制造，成绩颇佳。嗣后如将此项工厂，全部设法运用，则供应本岛需要，当绰乎有余也。

第三节　农田水利及开垦事业

其一　农业水利之现状

本岛为我国南方领海中一大岛屿，总面积约有三、四二九、一二九公顷，其农业概况已述如前，兹更从水利事业，述其概况如次：

一　山岳

本岛山脉，皆由西南而向东北伸展者也。其河流流向，所由定也。以其隆起部偏于西南，故自西南部起，以迄海岸地带，均山岭起伏，极少平地；东及北部，初为耸立山麓，继呈高原或丘陵状态，而渐达河流沿岸及海岸低地。

二　河流

本岛三大河流之南渡江、昌化大江、万泉溪，均发源于此枢纽山地，汇集山间盆地，水流分向西南或东北而奔流，旋复变更流向，而向西北或东方入海，三大流域面积合计共占全岛面积三分之一。

三　气象

本岛气象属于"亚洲季节风"地带，通常在冬季为东北风而干燥；夏季偏南风而多雨。以受大陆影响，故东北部与西南部亦复异趣，即前者每年降雨量一、二〇〇乃至三、〇〇〇公厘（东部之嘉积、万宁特多），虽属干季（由十二月至次年四月）仍无干燥之虞；后者反是，每年雨量极少，仅有五〇〇至一、三〇〇公厘而已（尤以感恩、北黎为甚）。干季绵长，湿度极低，换言之，即东北部，则冬寒而多湿，夏暑而鲜风也。反之，南部地方寒暑相差不甚显著，且气温恒高，而干季期长，区别显然也。

四 土壤

本岛土壤，虽如前述，以地质气象不同，而有地域之别，惟就全部观之，则概属受红砖土化作用之热带、亚热带所特有之氧化铝（矾土）性土壤也。其西南部干燥地带内，所有弱氧化铝性之偏干性土壤，则腐殖质一般较少，即无机肥料含量亦鲜。

其二 土地利用状况

一 耕地面积

本岛之总面积为三、四二九、一二九公顷，根据其五万分之一之地形图而推算，其耕地面积，约为如次表：

土地别	图上测定面积（公顷）	实际利用面积（公顷）	百分率
水田	三八七、〇〇〇	二四〇、〇〇〇	六二％
旱田	七四、七〇〇	六〇、〇〇〇	八一％
草林原野	一、五六六、〇〇〇	极少	〇
合计	二、〇二七、七〇〇	三〇〇、〇〇〇	一五％

本岛农业经营，极为原始，以其作物种类，为其自给食粮之水稻所独占，故土地利用，受其地形及气象因素之支配者极大。缘是耕地（即水田）面积，亦以雨水较为丰富之东北部为最多，至雨量较少之西南部，更无广大之耕地可言矣。

二 水田

水田分布，仅限于海岸低地、河流之冲积地及丘陵间之盆地或山麓之低湿地等各处而已。本岛内凡可借雨水、泉水，以资自然灌溉之区，均已被勤劳农民先后开垦，故其分布，遍于全岛，且尤以地形气象条件具备之琼山、文昌、临高等北部各县及东部之琼东、乐会各县为著。然于本岛三十四万公顷之水田中，其可供双季耕作用者，仅占总面积十分之三耳！至其西南部，则为数更少，犹不及十分之一也。盖以水田分布，泰半偏于东部与北部之山间涌水地带及冲积低湿地带故也。

查本岛水田，大部均系仰赖雨季水量以灌溉之"看天田"，或系利用由山地丘陵涌出水量以灌溉之"涌水田"也。每年之栽植面积及其插秧期、收获量均为气候所支配。以往此项水田，虽各具有小规模足供暂时维持之井堰，水车之设备，惟仅属私人应急之处置而已！至于一部落或数部落所共同施行之灌溉排水，或其他共同设备，则可谓绝无仅有者矣。至于万宁、崖县之简单井堰及用水路，澄迈、南渡江沿岸之大水车等，虽系简单设备，然已属不可多得，若需相当资本与技术之土堰、石堰、水泥取水设备，或抽水机等之优良水利工程，则更无论矣。

至于排水状况不良情形，亦复略同，低湿地域，并无排水沟之设置，河流则一仍原始状态，亦无堤防之设备。而其水田，则均设于低湿之地，且以双季作田为尤然，故一旦豪雨频仍，即遭泛滥之患，往往浸淫旬日，而致全部稻作陷于全灭者，比比然也。缘是，所栽稻种，无论水稻、陆稻或其中间品种，只择其耐旱或耐水力强者植之而已，至于品质产量，均感无暇顾及矣。故本岛水田，每公顷产量平均八·五石，以视越南之为十一石，暹罗之为十五石者，未免相形见绌，若与台湾相比较，则仅及其产量之三分之一强耳！重以气候条件所左右，故每年产量，复有显著之差别，农业经营之不安定，可概见矣。

三　旱田

全岛旱田面积，虽有七万四千七百公顷，惟其中每年足资实际利用者，仅约六万公顷左右而已！此外亦有烧垦地之于开发数年间连续耕作，至地力衰退时，复任其荒废者，为数亦繁，此项旱田，以全无灌溉设备，故其产量及作物种类，均受相当限制。

四　草林野原

草林草原地带，约占全岛总面积四五％，多在高燥地带。其西北部及西部方面，均有大规模之草原分布。因其干季雨量极少，故仅有一部，堪供间作田或牛马放牧地之利用已耳！综上所述，全岛可耕地面积四六一、七〇〇①公顷中，实际堪以利用者，只三〇〇、〇〇〇公顷，仅占本岛可耕地面积之一五％而已。

其三　施行方针

一　施行目标

1. 主要食粮　本岛现有人口，约计二百五十万人，征之台湾现有人口六百余万之数，则本岛人口，终当不难增加也。设自民国三十六年起，由各省移民，并包括现在人口之自然增殖率，每年平均计划可增加十二万五千人，则欲本岛人口增至五百万人，所需期间仅二十年耳！又本岛每人每年之主要食粮消费量，现在估计为一石，以视台湾之需一·五三石，日本之需一·八七石者，不免相形见绌，且本岛居民食粮，不仅为米，颇多以甘薯等杂粮代

---

① 此处疑误，前表合计数为2027700。按本书中的数据常有错漏之处，且多难以考究，故现仍保持原貌，以待识者考证。——编者

用者，盖以产米过少，不得不采用其他食物以自给也。本岛每人消费量，将来果增至一·七石，则二十年后，即人口增至五百万人时，即需米粮八百五十万石矣。现在本岛产米量，计二百五十五万石，不足之五百九十五万石，固亟待增产，以资补救者也。

2. 特用作物及其他 本岛乃我国领土中唯一之热带及亚热带地域也。以其气候风土特殊，故其农业亦异寻常，特用作物中，尤以甘蔗，最为有望，仅需输入大茎种，并注意灌溉，其收获量便可增加二倍以上，若于施肥、排水略加注意，则增殖三倍，洵非难事。据过去数年间日人实验结果而推测之，如能将水利工程建设完成，则其生产，当视台湾，更为有望。本岛糖业前途，诚未可限量也。他如棉作，尚在实验研究时期，虽未敢遽作定论，惟如与其他气候风土相若之地域相比较，则在本岛之收获量，当无若何逊色也。若将灌溉之设施，良种之输入及肥料之施用，虫害之防除等工作，分别注意，则其成绩，必能突飞猛进也。此外，代用食粮之杂谷、甘薯及蔬菜等，在可能垦殖区域内，若能以干燥期内讲求灌溉，则不惟足以自给，抑且复可出口，以与香港、广东方面轻工业品相交换，资以平衡输出入货物价值，抑亦重要经济政策之一环也。

二 施行方针

本岛可耕地总面积四六一、七〇〇公顷中，实际利用面积为三〇〇、〇〇〇公顷，仅占可耕地面积之一五％既如前述，如欲达到前述之米粮增产目标八百五十万石时，则未垦地之继续开发，实为切要。惟查本岛未垦地之大部为高燥地带，如欲辟为水田，以用水补给殊非易易，农业经营，倍感困难。本岛土地之足供水田利用者，均已被刻苦农民，开发净尽，所余有限，若欲利用围田（圩田）或变更地貌，以为水田，虽可略增面积，但亦为量甚微，终难达到目的也。以有限之耕地面积，而欲达到所期之增产成果，则首须力谋灌溉排水设备之周全以及耕种改良设施之强化，以期单位面积发挥其最大能力，换言之，即主要食粮稻作之增产，应以耕地之改良及耕种方法之改善、机械设备之强化等为先决条件。它如杂谷、甘薯、甘蔗及其他特用作物，以其均堪栽植于高燥地带，故对于新垦地之开发，只须强化其灌溉设备，便不难迎刃以解也。兹按照本岛之实际情形，述其开发计划如次：

1. 开发计划

（1）水田地带 已经耕作之二四〇、〇〇〇公顷中，其双季作田，仅占三〇％而已。然水田地带，地势概属低湿，若能从事于水池（塘）、排水沟及农道等农田水利之增设，则双季作田，可望增加至五〇％。如对于未经耕作之荒废地一四七、〇〇〇公顷，予以水利设备，则其全面积中二〇％可变为双季作田，六〇％可变为单季作田焉。如能照此实施，则水田面积共有三五七、六〇〇公顷，栽植面积共有五〇七、〇〇〇公顷也。

（2）旱田地带 现有耕作地六〇、〇〇〇公顷中，变其一成为单季作田，一成为双季作田；而荒地一四、七〇〇公顷中，由变更地貌，将其一成变为单季及双季作田。水田面积共有一三、四〇〇公顷，栽植面积共有二〇、〇〇〇公顷，所余普通旱田二六、〇〇〇公顷，二年轮作及三年轮作田二六、〇〇〇公顷，共得五二、〇〇〇公顷。

（3）草林原野地带 本岛草林原野地带，总面积共一、五六〇、〇〇〇公顷中，若以平衍部分之二成，即二〇％为耕地，其中三％为单季作田时，可得水田四六、八〇〇公顷，残余十七％为普通旱田及轮作田，则合计可得二六五、二〇〇公顷之旱田矣。

（4）湖海之筑围　海面之淤积地，如予筑围，亦可增加水田面积五、〇〇〇公顷（均为单季作田），其他方面再得单季作田二、〇〇〇公顷，共计可得水田七、〇〇〇公顷矣。农地经改良开发后，其耕地面积与现在耕地之比较如次：

区　　别	施行前（公顷）	施行后（公顷）	增加面积（公顷）	备　　考
水田面积	二四〇、〇〇〇	四三六、八七〇	一九六、八七〇	
水田栽植面积	三〇〇、〇〇〇	五九九、〇〇〇	二九九、〇〇〇	
旱田面积	六〇、〇〇〇	三一七、〇〇〇	二五七、二〇〇	
中间轮作地	二〇、〇〇〇（估计）	一五八、六〇〇	一三八、六〇〇	轮作地面积以占旱田之五成计
水田旱田面积合计	三〇〇、〇〇〇	七五四、〇七〇	四五四、〇七〇	

2. 开发后之生产量

（1）米　水稻之收获量，待耕作改善水利完竣改植良种（蓬莱稻）后，每公顷平均产米比照中田以一六·四四石计，则全岛每年可产九百八十四万七千五百六十石。除八百五十万石，足资本岛食用外，尚有余米一百三十四万七千五百六十石，可供酿酒及他处输出也。若更集约经营，注意于农具肥料之改良，品种之选择，病害虫之防除等，每公顷十八石之收获，绝非难事，则其总生产量，不难达到一千零七十八万二千石之理想也。

（2）甘蔗　旱田中，若令轮作而为三年一作，以植甘蔗，如每公顷蔗茎产量为十万斤，糖量为一〇％时，可产红糖约计五十万担以上，如轮作田外，尚有他处可资栽植，则当复不止此数也。

（3）棉花　轮作田三年植棉一次，每公顷以生产两担计算。合共可产十万五千担以上，复利用开垦田，栽植三万公顷，则复可生产六万担以上，合计可得十六万五千担以上，以视需要，尚绰乎有余也。

其他可灌溉而不灌溉之旱田中，将前述之轮作田除去外，尚有十五万八千六百公顷，即为现在面积之二·六倍，加以轮作田之残余面积，则为十八万五千公顷，即现在面积之三·五倍是也。单季作田之大部分仍有农作栽培之可能，除前述之稻作、甘蔗及棉花外，尚可有杂谷、甘薯及油脂原料之胡麻、落花生，纤维作物之黄麻、苎麻等大量生产也。不特足供五百万人口之需要，且可大宗输出，以交换物资也。

其四　实施开发之方法

本岛之雨量、地形以视台湾，虽不免聊逊一筹，然若论平地面积之广大，日光温度之强盛，则大可补其缺憾也，故论其农业之生产力，终未能遽称不如焉。

本岛土地利用之成效，应视灌溉排水设备能否经济实施以为断，本岛在雨季中，以有相当雨量，且地形上亦复不少适于水池、土堰等之设置及未垦地地势平坦，复便于机械力之利用，故论本岛地势、气象等自然条件，殊有利于开发者也。兹就调查所得，将本岛水利事业，分为数个步骤，述之如次：

一　农田水利

1. 河流之利用　就本岛现状观之，其经济的水利之第一阶段，即河流利用，如何使之达于最高度是也，本岛河流水利，素不讲求，仅饮食及洗濯之用而已，其他较大河流，亦仅供船舶航行而已耳！良以各处河流均深入溪谷岩床中，流速甚缓，利用较难，干燥枯水时期，益觉用水之可贵也。证之过去调查，借知利用河流，最为经济，故河流之尽量运用，实为水利事业之第一阶段，其即应设备者，即堰堤、用水路工程或抽水机是也。

2. 蓄水池之设置　过剩水之贮蓄，实为必要，盖即干燥期间，蓄水池内，以备应用是也。盖本岛雨量，大部集中于雨季，干燥期间，殆无滴水，其以无水而不能耕作之土地面积，为量甚巨，反之，雨季中以水量过多，而致排水困难，有害禾稼者，复比比然也。故必须设置水池以调节之。然如欲干燥期内，三四个月间之全部用水，均赖水池供给，则其积蓄水量，未免过大，且本岛以地形关系，蓄水池浅，若其面积过大，不惟有欠经济，且蒸发迅速，损失亦复不赀也。惟欲图克服本岛气象上不利条件，舍本工程外，亦苦无适当对策矣。

3. 排水工程　乃与前述二者并行之必要工程也，以本岛水田，均在低湿地带，设遇豪雨，便成泽国，全部稻作，尽呈凋萎，而本岛农民，仅能顾虑干季用水之不足，未及注意雨季排水之方法，遂致因排水不良而影响农业经营，良可慨也！尔后，如从事于水稻、甘薯、甘蔗等优良品种之移入，耕地排水之改良，实为必要。诸凡排水路、堤防、涵洞及抽水机之设备等，均应积极完成，且为求农民对于排水改良工程得以安心信仰计，并应订定用水计划，俾便同时并进。

4. 凿井（利用涌水）　乃小规模之灌溉用水给源也，广行凿井，以增大其出水量，盖有利于集约之旱作栽培也。

二　围田之开发工程

本岛之未垦地，草林原野，广可一百五十六万公顷，泰半皆可耕者也，本计划拟先开发其二〇％，并开垦为三％之水田，一七％为旱田。草林原野地带，虽概属高湿地带，然在雨量分布良好之东部北部，则仍以草木繁茂、地味肥沃之处为夥，此等地域，如能全部予以灌溉设备，则在薄利之农业经营上，诚属不经济者，除将灌溉利便之地，辟为水田外，其他部分，仍应用为旱田。惟本岛开发计划上所应注意者，厥为白蚁及其他病害虫之防除，以其被害甚烈故也。一方故可任令伐木根株之自然消灭，惟尔后耕作，颇多危害也。故为将来开辟时，节约劳力经费起见，伐木后应先于株间栽植荞麦、粟、黍等，当收获之际，以其根株，已为白蚁所腐蚀，便可利用器械耕起之矣。尔后若再遇病害虫猖獗时，应即栽植鱼藤（药用作物），并栽植落花生以防地方之减退。并注意施肥及作物种类，以谋地力之维持，则当不难成为优良耕地者也。

待昌化大江之十万基罗发电计划完成时，在雨季期间引导堰堤溢水，导至下流，得以确保四万公顷草林原野田地灌溉用水，则该项草林地带当不难按照计划从事开垦也。惟该地带概属雨量缺乏之区，每年平均雨量仅五〇〇公厘，至海岸低地，殆呈沙漠状态，故苟能使之包括于前述用水计划之内，则一经灌溉，当可面目一新也。

1. 筑围　本岛因地势和缓，沿海一带均有辽宽淤积地之分布，筑围云云，盖即将潮退时变为陆地，而潮满即海面之地区，使之变为耕地是也。法当潮退之际，使其陆地部分与海面隔绝，建筑防潮堤岸及排水涵洞，并确保其用水水源。此项工程，在北部缓倾斜地带之湾入部分，尤易着手。又本岛低地，类形成沼泽而不深，若能予以排水路之开浚，当不难形成干田，故此项湖海之筑围，对于土地利用，诚属切要之图。

2. 地貌变更 凡确保用水水源，并使原有旱田，变为水田之工程，谓之地貌变更。以本岛地形观之，该项工程，所需劳力费用，当不致如何庞大也。

三 土地改良（涵洞排水工程）

按照上述方针而将农田水利及开垦事业付之实施，以谋米粮之增产时，其单位面积产量之增加，实为切要，其法唯何？即除耕种及肥料之改良外，并须从事于集约农业经营之主干，即涵洞排水工程之实施是也。查本岛水田分布最多之东部西部，每届雨季，即呈湿润状态，良以地上水为量过多，排水工程虽经改良，而土壤已呈饱和状态，恶水排除，殊非易易。土壤不惟通风困难，即所施肥料，亦感分解迟缓，且复足以助长病虫害之滋蔓，虽属良好品种，其收获量将为之大减也。故欲求土壤理化学组织之改善，而备优良品种之栽植，凡土中已呈饱和状态之恶水，必须设法排除，地下水位，亦须降至地下〇·三至〇·五公尺之间。查本岛分布各处之粘土层及受红砖土化作用之氧化铝性土壤，具有足使地下水位上升，呈饱和状态及长期保留水分之特性，故当前述开发计划实行之际，对于本岛土地改良，当有赖于本工程之实施奖励者矣。

本工程系开浚一深约一至一·二公尺，底宽〇·三至〇·四公尺之沟，并使略具坡度（在一千分之一左右）随将土管石砾、木、竹、粗枝等物，填实其间。沟之间隔，虽依土质互异，普通约为二〇至三〇公尺左右，即所谓承水沟是也。并另设集水沟以汇集之，而导之于排水出口。当用水时期，应另设井封锁之，以防流出过度。此项工程，凡欲集约以利用其土地者，无论何处均可施行，若与前述开发计划同时并进，当复相得益彰也。

其五　实施计划

前述计划，付之实施，如治安欠佳，而欲技术人员，于短期间内，深入腹地，实地调查，其详细结果，自不易获，据以而谋增产三倍之庞大计划之拟定，终属闭门造车已耳！考本岛自民国三十二年而后，迄胜利止，其间举办之水利工程地区，计共六十一区，受益面积计一万八千公顷，每年增产量计米六四、一〇一石，蔬菜及其他产物计四千余吨。六十一地区中，除十四处尚未完成外，大部分均已竣工，大都工程均属紧急措置而足供利用者也。其业已完成者，如琼东、崖县、西园乡、陵水文村、儋县七里各处堰堤工程，及大路那白之用水与排水改良工程，其裨益农民，非浅鲜矣。

将来计划地区，其须克服地形气象等恶劣条件之困难问题，虽所在皆是，仍应适应农业经营实际需要，按照目标，努力以赴也。下表所列，凡大规模地区，均已分别记载；至小规模地区，则以尚未经精密调查，故付阙如，盖皆照前此实施工程而为资材及机器等之估计者也。

一　农田水利及开垦计划

下表所列，分为业已完成、尚未完成及将来必须实施之三个阶段，以计算其底于完成，所需之物资、劳力及技术人员。然彼此有相互关系存焉。例如确保用水，不仅为水旱田之开辟及地貌之变换已也，同时并应将原有单季作田改良为双季作田；及原有看天田中双季作田之干季患水不足，雨季患水过多，而致连年歉收者，复须厉行排水灌溉之法，俾获增产是也。盖虽同一地区，以地势不同而开垦方法亦各异致者也。兹将各处水利设施所需劳力资材，分别录之如次：

业已完成之工程

地区	工程别	面积（公顷）					摘要
		形成为旱田者	双季作田之改良	辟为水田者	辟为旱田者	计	
丰盈	用水路	三〇	一〇			四〇	
瑞溪	引水堰 用水路	七〇	三〇			一〇〇	
龙州	排水路	三五	一五			五〇	
文昌	排水路	一一	七			一八	
边号	蓄水池	四八	二二			七〇	
加乐	蓄水池 水路	一八	七			二五	
琼东	北堤 用水路	三〇五	一四五			四五〇	
大路	用水及排水路	三九八	二〇二			六〇〇	
	蓄水池 用排水路	一七〇	九〇			二六〇	
导寨	北堤 用排水路	四七	二三			七〇	
嘉积	排水路	一	六			六	
万宁	排水路	二〇〇	一一〇			三一〇	
	北堤 用水路	一	一			一	
藤槁	排水路	一五	一〇			二五	
保定	用排水路	一二〇	六〇			一八〇	
乌场	用水路	五三	二七			八〇	

续表

地区	工程别	面积（公顷）					摘要
		形成为旱田者	双季作田之改良	辟为水田者	辟为旱田者	计	
文教	凿井排水路	一四	六			二〇	
陵水田尾村	蓄水池	一	二〇			二〇	
大乡村大思溪	排水路	三一五	一六五			四八〇	
同	北堤	一九〇	九〇			二八〇	
藤桥	引水堰	三〇	一			三〇	
同泥赖洋	排水路	三一	一四			四五	
佛罗	排水路	三七	一七			五四	
	涌水池用水路	八	一二			二〇	
	涌池	一〇	一		五八	六八	
马岭	北堤	六九	二九			九八	
陵水文村	北堤用水路	一八〇	一二〇			三〇〇	
桶井	同	二〇	一〇			三〇	
崖县赤草园	排水路	四〇〇	一二〇			五二〇	
同西园乡	引入堰	三五〇	五〇			四〇〇	
同直宫田	用水路	二〇	一	三〇	五〇		

续表

地区	工程别	面积（公顷）					摘要
		形成为旱田者	双季作田之改良	辟为水田者	辟为旱田者	计	
同北耕地	用水路 抽水机	一	一		一二〇	一二〇	
保显峒	用水路	四七〇	三〇			五〇〇	
九所	抽水机 水路	四三	一〇			五三	
北黎川北	抽水机 用排水路	二	一		一〇	一二	
北黎川南	同	一五	一		二〇	三五	
北黎第一水田	抽水机 用排水路	九	一			九	
官田	抽水机 用水路	一五〇	一		一〇〇	二五〇	
八所潭	排水路	一六	一			一六	
儋县七里	用排水路	三一〇	一六〇			四七〇	
儋县旧城	同	三二	二〇			五二	
那大	蓄水池	一〇	一		一〇	二〇	
那白	排水路	一三〇	七〇			二〇〇	
同	蓄水池 用排水路	三〇〇	一		一一〇	四一〇	
金江	排水路	一三五	七〇			二〇五	
东山东乡部	同	六九	三一			一〇〇	
东山	用排水路	二〇	一			二〇	
计	四六地区	四九〇五	一八〇八		四五八	七一七一	

尚未完成之工程

事业地区	工程别	面积（公顷）					劳力	资材			
		形成双季作田者	双季作田之改良	辟为旱田者	辟为水田者	计		水泥	铁	木材	抽水机发动机
东方玉道	抽水机用水路	一〇〇	一一〇			一二〇	四〇、〇〇〇	三、〇〇〇	五〇	五〇	35 H P＝1 D＝12″＝1
保定	用水路		一〇			一〇	七、〇〇〇	一、〇〇〇		二〇	
金江东部乡	北堤用水路	一〇〇	五五		五	一六〇	四〇、〇〇〇	一、〇〇〇		三〇	
月朗新村	筑围	二〇	五	四〇	一五	八〇	二七、〇〇〇	一、〇〇〇	五	五〇	
万宁	北堤用排水路	一三五〇	五〇〇	七〇	八〇	二、〇〇〇	二〇〇、〇〇〇	二〇、〇〇〇	五	五〇	
大恩峒	蓄水池	八〇	一〇	五	五	一〇〇	三〇、〇〇〇	一、〇〇〇	五	五	
藤桥	掘井户			一〇		一〇	一、五〇〇	三〇〇		五	
同三农池	蓄水池	五三	一五	一〇		七八	二〇、〇〇〇	八〇〇		五	
同周边	掘井户			一八		一八	一二、〇〇〇	二、〇〇〇		三〇	
同走马口	排水路	二〇	三〇			五〇	一五、〇〇〇	二、〇〇〇		二〇	
朗典	北堤用水路	四五〇	五〇	五〇	五〇	六〇〇	二八、〇〇〇	三、〇〇〇		一〇	
乐安	蓄水池	九〇		一〇		一〇〇	二、〇〇〇	五〇〇			

续表

事业地区	工程别	面积（公顷）					劳力	资材			
		形成双季作田者	双季作田之改良	辟为旱田者	辟为水田者	计		水泥	铁	木材	抽水机发动机
石碌	用水路			五〇		五〇	三〇、〇〇〇	一、〇〇〇		五	
长坡	北堤用水路	七〇〇	一五〇	一五〇		一、〇〇〇	二〇〇、〇〇〇	一五、〇〇〇	五	五〇	
波莲	北堤用水路	一、一〇〇	一五〇	五〇	一〇〇	一、四〇〇	一二〇、〇〇〇	二〇、〇〇〇		一〇〇	
小计		四、〇六三	九九五	四六三	二五五	五、七七〇	七七二、五〇〇	七一、六〇〇	三五	三九〇	

准确着手之工程

感恩	北堤用水路	八〇〇	一五〇	二五〇	八〇〇	二、〇〇〇	五〇〇、〇〇〇	一三〇、〇〇〇	一五〇	五〇〇	
望楼溪	北堤用水路	一、五〇〇	二〇〇	三〇〇	一、〇〇〇	三、〇〇〇	三〇、〇〇〇	二〇、〇〇〇	一〇	一〇〇	
宁远水	同	二、〇〇〇	三〇〇	五〇〇	一、二〇〇	四、〇〇〇	一〇〇、〇〇〇	一〇〇、〇〇〇	三五	二五〇	
陵水	同	二、五〇〇	二〇〇	一〇〇	二〇〇	三、〇〇〇	一二〇、〇〇〇	二五、〇〇〇	二〇	二〇〇	
万宁	同	二、六〇〇	二〇〇	五〇	一五〇	三、〇〇〇	二五〇、〇〇〇	一五、〇〇〇	五	三〇	
莺歌海	筑围				一、五〇〇	一、五〇〇	四〇〇、〇〇〇	二〇、〇〇〇	二〇	一〇〇	

续表

地点	工程										备注
昌化大江	蓄水池用排水路	一〇、〇〇〇	一、八〇〇	一八、二〇〇	一〇、〇〇〇	四〇、〇〇〇	一五〇、〇〇〇	七〇〇、〇〇〇	一〇〇	一〇〇	
新英	筑围			一、五〇〇	一、五〇〇	八一、〇〇〇	一五、〇〇〇		五	五〇	
临高	蓄水池用排水路	四、〇〇〇	一、〇〇〇	五、〇〇	五、〇〇	一五、〇〇	二五〇、〇〇〇	一三〇、〇〇〇	一五	一〇〇	
美亭	同	二、〇〇〇	三〇〇	二〇〇	五〇〇	三、〇〇〇	一、五〇〇、〇〇〇	一五、〇〇〇	一〇〇	二〇〇	
马袅港	筑围			五〇〇	五〇〇	三七、〇〇〇	二〇、〇〇〇		五〇	五〇	
花场港	同			五〇〇	五〇〇	三七、〇〇〇	二〇、〇〇〇		三〇	五〇	
定安	井堰	二、〇〇〇	八〇〇	五〇	一五〇	三、〇〇〇	二八、〇〇〇	一〇、〇〇〇	一〇	一〇〇	
东山	井堰抽水机	一、一〇〇	四〇〇	二〇〇	三〇〇	二、〇〇〇	一五〇、〇〇〇	五、〇〇〇	五	八〇	20HP=3 D=400mm =6
丰盈	筑围			六〇〇	六〇〇	四〇〇、〇〇〇	二〇、〇〇〇		五〇	五〇	
安定对岸	抽水机	一、〇〇〇	二五〇	一〇〇	一五〇	三〇、〇〇〇	五、〇〇〇		五〇	五〇〇	20HP=3 D=400mm =6
王五市	排水	五〇〇	五〇〇			一、〇〇〇	二〇、〇〇〇	六、〇〇〇	五	一〇〇	

续表

白沙县白沙	井堰	七〇〇	三〇〇			一、〇〇〇	二、〇〇〇	一、〇〇〇	五〇	五〇
万泉溪	堰堤	一、四五〇	二〇〇	一五〇	二〇〇	二、〇〇〇	四〇、〇〇〇	五、〇〇〇	五〇	三〇〇
中原	井堰	一、一〇〇	五〇〇	二〇〇	二〇〇	二、〇〇〇	一〇〇、〇〇〇	五、〇〇〇	一〇〇	一〇〇
小计		三三、二五〇	七、一〇〇	二五、三〇〇	二四、四五〇	九〇、一〇〇	一、〇〇一、〇〇〇	一、二一〇、〇〇〇	八五五	三、〇一〇
计						一〇七三、五〇〇	二、三九二、六〇〇		八五五	三、四〇〇
小型事业		五、七八二	一、五〇〇	二三二、一一二	七一、九六五	三一一、三九五	六五二、七九〇	三、一三、五九〇	三、一一四	九、三四一	20HP=6400mm=12
合计		四八、〇〇〇	一一、四〇三	二五八、三三三	九六、六七〇	四一四、四〇六	七六〇、九一九〇	四、五〇六、一九〇	三、九六、四	一二、七四一	35HP=6 1211=1

二　计划说明

1. "形成双季作田"云云，乃指原为单季作田，经施行水利工程后而变为双季作田者，其计划面积有四八、〇〇〇公顷。

2. "双季作田之改良"云云，乃指原为双季作田，以灌溉排水不良，而致减收，故予排水灌溉之改良者也，其获益未详细估计。

3. "辟为水田"云云，乃指原有荒地及草林原野，施以开垦、地貌变更、筑围等工程及灌溉排水之设备者也。计划面积有九六、六七〇公顷。

4."辟为旱田"云云，乃指开垦原有之草林原野是也。开垦面积二六五、二〇〇公顷，就中半数，施以灌溉设备，而成轮作田以栽植甘蔗、棉花及其他特用作物。其荒地四、一四七、〇〇〇公顷，盖以本岛人口稀少，耕作劳力不敷支配，遂致任其荒芜者也。尔后人口果能增至五百万人，则该项荒地之垦殖，固不成问题者也。今假定以其中之二成施以水利工程，改为双季作田，六成虽无特殊设备，仍可用供单季作田用，所余二成，则以地势土质恶劣不堪利用，尽其旧观，仍予荒废者矣。

三 劳力

欲求本计划完成，约需七千六百九十万零一千九十工，在二十年间，人口果如计划增殖，则本计划亦当同时完成也。惟一年间可能工作日数假定为二百五十日，而可动率为七〇％，则一年间工作人员，当需二万二千人也。而此项人员，自移入以迄至工程完成期间，至少五年，此五年间所需粮食，应自他处输入，而每年平均移入五万人之粮食，亦应另谋对策，固不待言也。二十年间，将水利完成后，关于食粮增产之确保，仍须相当努力也。

四 资材机器

完成本事业所需之主要资材，既如前述，兹更将二十年内，每年所需之资材数量，表列如次：

所需资材	每年需量	二十年间总量
水泥（洋灰）	二二五、三一〇包	四、五〇六、一九〇包

续表

所需资材		每年需量	二十年间总量
铁	钉	三九·七公斤[①]	七九四吨
	铅铁丝	三八·七公斤	七七四[②]吨
	粗铅铁丝	一·〇公斤	二〇吨
	钢筋	九九·一公斤	一、[③]九八二吨
	其他	一九·八公斤	三九六吨
木材		六三八立方公尺	一二、七四八立方公尺
发动机		二〇马力者六部 三五马力者一部	
抽水机		直径四〇〇公厘者一二部 直径三〇〇公厘者一部	

所需机械器具有如次表，该项机械在事业施行前，固应预为准备，工程完成后，当仍可应用也。

农田水利工程应用机械：

机械名称	数　　量	机械名称	数　　量
搅拌机	二一部	打桩机	五〇部
牵引机	三一〇部	卡车	一〇〇部
包龙机（Borung）（一套）	一〇部	船	五〇艘
喷油器（各式）	一〇部	转梯	一〇架
开石机（各种）	二〇〇部	各种铁轨	八〇、〇〇〇公尺
粉碎机（各种）	五〇〇部	机车	一〇部
抽水机（各种）	二〇〇部	轻便车	四、〇〇〇部
发动机（各种）	一、〇〇〇部	火药（各式）	二三六、二五〇公斤

---

① 此表"铁"一项，"每年需量"的单位均为"公斤"，依常理及其后"二十年间总量"推断，当为"吨"之误。——编者

② 原文误，今改正。——编者

③ 原文误作"·"，当为1982吨而非1.982吨，今改正。——编者

续表

机械名称	数　　量	机械名称	数　　量
电力发动机 （各种马力）	三〇〇部	其他杂工具	
起重机 （大小混合）	五〇〇部		

此外通常所用之鹤嘴锄、锹锄、犁及其他土工用具徒略。

五　专业施行上所应注意之点

1. 农田水利事业，推行之际，所需资材劳力之庞大，既如此，工作时间之悠久，复如彼，故其所投资金之收回，需待五年或十年之后。其施工地点，应择最有利之处着手。

2. 土地面积，相当辽宽时，若仅由农民自行经营，以能力有限，绝难有济。工程完成后，所有用水分配，亦应善为管理，俾得发挥其最大效能。故本岛行政机构内，应另设水利局，或农田水利工程处，俾负农田水利开垦事业之调查、测量设计、施工及指导、监督、用水之管理等各项技术指导之责。

3. 一般农民，每缺乏共同合作精神，故应订定水利合作规程，指导设立水利合作社，以谋水利事业之推行。

4. 投诸农田水利事业之资本，须经相当期间后，始获收回，惟本岛农民经济，极感困难，若仅由农民本身负责推行，诚非易易，故为求水利事业，易于推行起见，水利合作社之设立，实为必要，其所需事业费，应由政府给予补助金或奖励金，以谋水利事业之进展。

5. 水利局或农田水利工程处设立后，首应计划劳力、资材、机器等供应之便利，并设法将所购机器，贷于水利合作社，以谋农田水利之推行。

6.设立农田水利技术人员训练所,俾于短期间内,得以养成水利技术人员,以应急需。

第四节　林业

海南岛地势平衍,高山地带,仅属少数,与台湾迥异其趣,森林资源,向称丰富,林野面积,以尚无确实调查,各异其说:谓森林四成,林野五成,荒芜地一成者有之;谓森林占九成者有之;谓林野面积七成三分,而森林面积占四成四分者亦有之。据前台湾总督府调查,谓本岛林野面积,合林地、废地及荒芜地,共占全岛面积之七成,就中树林地约计四成,草原地约计二成,荒芜地约计一成云;树林地全部为天然林,造林地则仅为少数椰子及树胶等栽植而已,

森林地带,大致皆为各江流域地带,感恩、昌江、崖县等县,皆其密林所在地也。其主要森林地带,可大别为次列十二地带。

一、昌江县峨沟岭。

二、感恩县峨近溪。

三、崖县中部地方。

四、崖县西部地方。

五、黄流附近之抱江。

六、崖县东部。

七、陵水溪上流溪流附近。

八、陵水万宁两县地方。

九、万宁县之太平峒,牛岭地方。

十、嘉积溪上流地方。

十一、南渡江流域地方。

十二、北门江流域地方。

各江流域，森林地带，面积共计一百六十一万亩云。

海南岛植物，据前台北帝国大学田中博士民国二十四年调查计共一百八十科，九百八十七属，二千三百七十种，若与台湾相比较，则：

海南岛与台湾相同者，计六七八属。

海南岛所有，而为台湾所无者，计三一六属。

台湾所有，而为海南所无者，计四九六属。

其树种以阔叶树为夥，针叶树则仅少数耳！

（一）针叶树　紫杉科四种、粗榧科一种、松科五种、柏科一种，类与阔叶树混生成林。

（二）阔叶树　计壳斗科、桑科、木兰科、番荔枝科、樟科、金缕梅科、豆科、芸香科、橄榄科、楝①科、大戟科、漆树科、无患子科、木棉科、梧桐科、山茶科、金丝桃科、龙脑香科、椅科、瑞香科、使君子科、桃金娘科、野牡丹科、赤铁科、柿树科、木犀科、马鞭草科、茜草科等。

海南岛，不论有司人民，对于森林，素鲜注意，任意采伐，或予烧毁，绝不怜惜，遂致天赋美林，日就荒废，农田水源之涸竭，雨后洪水之频凌，惟有付之天命而已。本岛水利建设之重要，固夫人而知之者矣；然其为水利根本所系之水源涵养问题，尚无人深加注意也。尔后，如仍漫不经心，则天赋之海南宝藏，仅一海外孤岛而已。他如用材薪炭之供给，暴风飞砂之防止，及本岛地下资源之开发，农产质量之改进，沿海港湾之建设，莫不与林业有直接或间接之关系，故本岛林业之建设，实亦亟待解决，而

---

① 原文作"楝"，疑因形近而误，后同此改。——编者

不容或忽者也。兹择要分别述之如次：

其一　造林事业

一　造林之种类

在本岛内所展开之草原地，其总面积计一、五六六、〇〇〇公顷，占全岛总面积百分之四五，偌大面积，除仅得一部供牧野之利用外，其荒废之状，莫不与年俱进。当兹人口日益增加，农产亟待增产之际，则草原地中，应有百分之二十，即约计三十万公顷，从事于水田及旱田之开垦。由草原地之现状观之，自以开垦及灌溉为首要；然同时复应从事于以水源涵养为目的之水源涵养林，及防风防砂为目的之防风防砂林营成之必要。是项保安林之营成，不惟有裨于水源之涵养及风砂之防止已也，其影响于耕地地力之增进，牧草之改良，水害之防御，薪炭之充实，产业、交通及人民生活之改善者，亦深且巨也。

由本岛之现状及气候风土之特性观之，除荒地造林，实属迫切外，所有建筑用、制纸用、工业用、药用等各种经济树种之造林，亦属必要，而有望者也。

二　苗圃

当造林事业实施之初，苗圃事业厥为先着。除日本占领时代所设置之琼山、嘉积、北黎、三亚、那大等五苗圃，允宜积极进行外，所有澄迈、定安、万宁、陵水等县，亦应各设分场，以利实施。

所育苗木，其目的应以供给造林用树种为主，俾能与造林计划相配合，以供各方造林上应用之需，其树种可分为下列各种：

1. 防风防砂及耕地改良用　玉树、木黄麻、相思树、银合欢。

2. 建筑及薪炭用 杉①、松、柚木、榉、楝、胡桃、玉树、母生、樟、山罗、相思树、台湾血楮、竹。

3. 工业用 樟、千年桐、石栗、台湾泡桐、树胶、筏木（Balsa）、椰子、玉树、海棠树、黄槿、鹿仔树、原皮树、野桐、枫（饲天蚕）。

4. 药用 规那、古加。

5. 果树用 荔枝、龙眼、檬果、木波罗。

6. 嗜好用 咖啡、槟榔、茶。

三 造林法

1. 草原地造林 草原地之造林，乃以耕地之促成，及防风、防砂、水源涵养等国土之保护，及开发为目的者也。故其实施，务以公营（国营、省营、县营）为原则，若公营而以各种关系，不易实行时，可由政府林业机构，负育苗、计划及指导之责，而其栽植保护，可责令受益之土地所有者，负其全责。良以事关国土保安及产业开发，故其执行，终须予以若干强制也。草原地造林之法，应于风向，深加注意，良以本岛季节风，夏季为西南风，冬季为东北风，故应区画东北边二百公尺，西北边一百五十公尺，面积三公顷之长方形，于其四边，按照 3m×4m 之间隔，各以四行植之，交相栽植，则益著防风防砂之效也。其四边以各有森林为之庇护，则其农作，足资庇荫，而不虞意外矣。如以各种关系，不克发挥其效能时，可缩短其距离，上木之下，并以下木植之。

2. 建筑及薪炭材之造林 本岛之建筑，及薪炭用造林树种，所有苗木，在民智未启之先，可先由公立苗圃，代为培植，廉价供给民间栽植。其造林地点，先从都市附近及公路两旁着手，

----
① 原文误作"衫"，下同。——编者

以利栽植，而便管理。

本岛以地介热带，故建筑所资之针叶树材，至为缺乏，占我国建筑巨擘之杉木，在海拔七百公尺多雨无风肥沃之地，颇有造林成功之望，可试植也。至本岛松类，共有五种，其与马尾松（Pinus Massoniana）相似，而为二叶松者，为海南松（松油）（P. Ikedae）及油松（P. Merkusü）；五叶者，为华山松（红松）（P. Armandü）及粤松（P. Fenzeliana）。查海南松在本岛西部山地之昌江支流之白打溪上游，海拔五百至一千公尺间，不乏纯林分布也。

日本理学博士山本由松教授，曾受前海南岛日本海军特务部委托，从事于本岛植物调查，著有《海南岛植物志》行世，尝指陆均松、竹叶松、华山松、海南松及肖楠为海南岛五木，盖皆本岛可宝之林木也。

至柚木，在台湾造林，成绩颇佳，本岛气候与其原产地之缅甸、暹罗，益复相似，故其造林，可绝无问题也。樟树生长，经前产业试验场试植结果，谓其生长量可在台湾数倍以上。栎在北黎、东方沿途，及三亚向华村（旧名六乡村）附近，均有大树分布，生长颇佳。楝在平地生长亦佳，十年生即可供材用，均有造林价值者也。

3. 工业用树种之造林　本岛树胶之栽植，虽不若印度及南洋各地之适宜，惟海南岛为我国唯一热带地，由国防及经济上观之，殊有从事造林之必要在也。本岛树胶之栽植，以那大附近，万泉溪之内地，及兴隆南桥附近为主要地区，树胶园共六十八处，计六百公顷，二十万株，树龄在三十年以内，年产量五十至一百公斤。尝见各处树胶园内，对于树胶之栽植，极为放任，嗣后如能注意于肥料之施用，及适当品种之改植，则其前途，必更可观也。

树胶适地，以南桥、高石、光雅附近为最，其面积数千公顷，不难得之也。

海棠树分布于东北部、东部及西南部之沿海一带，其果实可以榨油，以供灯用，味苦，俗称苦油。日人曾予研究，以供食用。本岛海棠树之栽植，历史已久，不难增产也。

椰子之在本岛，亦颇适宜，文昌、琼东、乐会、万宁、陵水、崖县等海岸地方，皆其主要产地。就中清澜、嘉积、榆林、三亚等地，尤为繁茂。椰子为用甚广，惜以甲虫猖獗，无能幸免，如复不加制治，则恐有全灭之虞，允宜加意防除，以免蔓延也。

油桐之在本岛分布者，为千年桐（广东油桐）及石栗两种，千年桐福山福民公司等，早经栽植，石栗分布尤广，由保定以迄五指山麓，在黎人部落家屋周围附近，莫不有集团之栽植，种子榨油，为用甚广。美国、日本，均待大宗输入，殊有提倡增产之价值也。

4. 药用树种之造林　金鸡纳为治疟之圣药，本岛已于南桥试植，成绩虽未大著，如能于吊罗山及黎母岭之高原地带，予以试植，以海拔较高，当有成功之望也。据日人研究，谓视南桥地点约高四五百公尺之处，当可成功，证之爪哇，仅于中央高原海拔四千尺处栽植之事实，当亦可资佐证者也。

古加（Coca）乃为制造可卡因（Cocain）之原料，乃药用上必不可少者也。本岛在那大、海口方面，试植已著相当成绩，可增植也。

5. 果树用树种之造林　荔枝、龙眼、檬果等到处皆是，如能善为栽培，则其品质产量，可望益加增进，抑亦林木果树中之有望者也。

6. 嗜好用树种之造林　咖啡以属热带高原植物，故在本岛颇为适宜，盖本岛气候、风土，颇与南美巴西之咖啡产地之塞邦洛州（Sanpanlo）相似故也。故殊有大量增产，以供输出之价值。

海南岛年来用材生产目标之决定，以无确定调查，颇感困难，征之台湾木材消费实情，每人每年约为二石（为日本材积单位，为长阔各一尺高一丈之材积，一立方公尺等于三·六二石）。本岛以一般文化水准较低，且一部复属黎人，其木材消费量，如假定仅为台湾之一半，一人一年，计为一石，则全岛二百五十万人，共为二百五十万石也。台湾材种之消费量，用材、薪炭，其量相若，故本岛造林计划，亦拟按此标准，以决定之。

相思树、木麻黄、玉树等阔叶树材，平均伐期为十五年，每公顷收获量为五百石，年伐采面积二千五百公顷，其收获量共计一百二十五万石，用材用之杉松，伐期为三十年，伐期收获每公顷为一千石，年伐采面积一千二百五十公顷，其收获量亦为一百二十五万石。二者共计二百五十万石，即年伐采面积共计三千七百五十公顷也。故为本岛用材及薪炭之自给计，每年造林面积，应有三千七百五十公顷也。施业面积，阔叶与针叶树，应各有三万七千五百公顷（阔叶树伐期十五年，针叶树伐期三十年）。故造林面积，应共完成七万五千公顷也。

其二　伐采事业

本岛木材资源在海岸及平原地带莫不深感缺乏建筑及家具材料，非高价莫能致也。所有家庭建筑，除必不可少者，须用木材者外，类以砖石代之。除本岛内地所产之高价材外，不足之量，每年须由福州、暹罗及南洋各处，输入一万五千石，以补给之，良以过去本岛内，并无大规模之木材伐采事业故也。本岛当日本占领之初，所需建筑枕木、桥梁、土工等各项木材，类由东三省、台湾及日本输入。迨战事日趋紧张，岛外木材输入，深感困难，遂着手于本岛木材资源之开发，委托王子制纸、岛田合资、三井农林、台拓海南产业等会社，从事于岛内建设用材之伐采与制材。

公司名	事业区域	森林树种
岛田合资会社	东方马鞍岭	热带阔叶树林（东方以栎为主，马鞍岭以青梅为主，荔枝、赤槠次之）。
王子制纸会社	佛罗尖峰岭	热带阔叶树林及针叶树（鸡毛松、陆均松、竹叶松）。
台拓海南产业会社	陵水吊罗山	同上。
三井农林会社	榆林溪流域及竹六附近一带	

一　伐木制材公司之现状

各伐木公司，在山间事业地，莫不具有伐采、运材、制材及发电给水之设施，暨足以容纳工作人员三百至六百人之居住之设备，且自山间事业地点，以迄环岛公路，各有长距离之道路及铁路设施。各公司先后投资共九百万日元（岛田二百五〇万，王子二〇〇万，台拓二〇〇万，三井五〇万，大共二〇〇万），尽其所能，以贡献于本岛木材之供给，迨大战告终，事业始告停顿，而由我国各机关所接收，以各机关到达，各有先后，接受步骤，不免紊乱。接收岛田台拓者为经济部，接收王子者为空军，接收三井者为农林部，事属森林利用，凡误接者，论理均应即日交还农林部，或改省后之行政长官公署接收整理也。其各公司事业成绩，据调查所得，述之如次：

公司名	一年间生产能力	一年间实际生产	工作人员	
			中国人	日本人
岛田合资会社	一三、〇〇〇立方公尺	四、〇〇〇立方公尺	三〇〇	三〇〇

续表

公司名	一年间生产能力	一年间实际生产	工作人员	
			中国人	日本人
王子制纸会社	一五、〇〇〇立方公尺	三、〇〇〇立方公尺	三〇〇	二三〇
台拓海南产业会社	一〇、〇〇〇立方公尺	三、〇〇〇立方公尺	二八〇	八三

二 将来之事业计划

以上三公司，各具相当规模之设备，当日人经营之初，盖为配合铁矿等战备资源之获得，及岛内运输暨战备急需等，所谓战事进行之上要求者也，尔后经营，如何按照原来方针，继续进行，盖与时势需要，及地方经济，未必尽合也。

考岛田合资会社之东方事业，具有石碌矿山事业，及北黎地区开发事业之附带性质，故该石碌矿山事业，如复继续进行，则岛田实有继续进行之必要也。王子制纸会社之事业，以供给铁路枕木桥梁用材，及军事设施方面所需用材为要旨，盖所以补充岛田合资业务所不及者也。台拓海南产业会社之吊罗山事业，盖以供给三亚榆林都市建设用材，及造船桥梁用材为目的者也。本拟从事于尖峰岭之针叶树林之伐采，旋以工程进行不易而中止，乃从事吊罗山针叶树之伐采者也。

尔后以人力物力，均感困难，故以上三公司，务须统一合并，减少单位，以期能率之集中，而谋支出之撙节，将所有事业，分为两个中心：一以北黎为中心，一以榆林为中心。北黎事业，将王子、岛田两处合并管理之；榆林事业，将台拓、三井及大共木材工业会社三处合并管理之。直属于农林部，或改省后之行政长官公署所设之农林行政机构之下,以便指挥,而利监督。

北黎方面,两公司事业之内,究应如何保留,应视其能力之强弱,事业之难易,运输之便否,蓄积之多寡,及治安卫生之状态,以决定之。要之,尖峰岭事业之保留及东方、马鞍岭事业之整理,皆事业进行上应取之途径也。兹就今后事业计划,略述如次:

1. 尖峰岭事业

（1）伐采材种　a.铁道枕木,b.矿木,c.桥梁材,d.建筑材,e.莺歌海盐田事业用材。

（2）扩充事业　a.山地运材铁路之完成（抱板东方间之联接）,b.山上伐木道及山地轨道之延长,c.铁索（Wire rope way）之新设。

（3）生产量　年间五、〇〇〇立方公尺。

（4）工作人员　约四百人。

2. 吊罗山事业

（1）伐采材种　a.桥梁材,b.建筑材,c.造船用材。

（2）扩充事业　a.陵水至山间道路之修改,b.山地轨道之延长,c.铁索之新设,d.制材厂之完成,e.事务所及宿舍之整备。

（3）生产量　年间约五、〇〇〇立方公尺。

（4）工作人员　约五百人。

三　制材事业

设于榆林市安游之大共木材工业会社,乃一制材工厂也。民国三十二年一月,始全部完工,本以为输入东三省、日本产木材,及菲律宾与婆罗洲所产之柳安材为目的,其生产能力,预定月产九千石,只以战事紧张,岛外木林,输入不易,不克充分发挥其能力,仅能为东三省材三百石,日本材六千石,安南材三千石,岛内材二千石之制材而已。接收后,虽以原料问题,无法开工,然为本岛开发计,此项设备,应与尖峰岭、吊罗山伐采事业,善为联络,俾从事于建筑、家具及造船用材之制造。再夹板工业性极重要,而易获利,如能附设经营,则除本岛应用之外,复可供大量输出之需,其所盈余,诚可供今后造林事业所需经费之挹注用也。

海南岛日人所设之林业机构,可分为造林、伐采及制材三项,造林除琼山、嘉积、三亚、北黎、那大五苗圃外,对于造林事业,虽已具有计划,尚未见诸确切实施,有之,亦惟限于台拓海南产业会社之陵水(相思树六四公顷)、南桥(树胶一〇〇公顷、泡桐二二公顷、银合欢竹等八公顷)两处而已。至于为伐采及制材事业之经营者,计岛田合资、王子制纸、台拓海南产业三处,至仅为制材事业之经营者,为三井农林会社之三龙及海南拓殖会社之高石及南洋兴发会社之崖县三制材所而已。今次各处接收,以未能按照事业性质,故其步骤,至为紊乱。接收后,复以不善保管,损失至巨,如不亟图挽救,由中央主管机构统筹计划办理,则原有设备,不难于最短期间,损失殆尽,岂不痛哉!窃谓农林、渔牧、农田、水利及农业研究,均为农林部主管事业,其由其他机构误接者,亟应尽其原状,交还农林部或改制后之农林行政机构整理运用,以为海南岛产业界放一异彩,诚国家前途之幸焉。

第五节　畜产业

海南岛畜产品,占全岛资源中重要地位,不问汉黎,其贫富标准,几均由家畜之多寡觇之。尝考战前输出额,畜产品占全额百分之六十四至七十八。迨战事发生,虽输出顿减,然仍达百分之五十三,其关系本岛产业前途及人民生计,盖可知矣。家畜以牛及猪为大宗，据日人估计，在日人登陆之初，牛猪约各为七十五万头，黄牛水牛之数，约为三与二之比，黄牛四十五万头，水牛三十万头，迨战事发生，以消费顿增，战疫猖獗，牛减为五十万，猪减为三十八万头左右云。查本岛气候风土等自然条件，既适于畜产之发展，牧野广大，复便于家畜之繁殖，尔后如能注意于品种牧野之改良，传染疫病之防止，及质量之增进，良种之推广，则不难成为今后我国南部畜产业之一重镇也。兹就本岛牧业开发所应注意各点，分述如次。

其一　家畜传染之防止及其保健卫生事业

本岛畜产业开发之第一步，厥为阻止增产之大敌，即家畜传染病之澈底预防抑制，及其保健卫生事业之跻于完璧是也。本岛流行之主要家畜传染病，略举如次：

（1）牛　牛症、焦虫症（Pyro-plosma）。

（2）猪　猪霍乱症、猪瘟、猪副肠热（Paratyphus）。

（3）鸡　鸡霍乱症、鸡瘟（Pest）、鸡白痢。

一　家畜血清制造所之完成

家畜传染病之预防抑制，家畜血清制造所，实其对策之最重要者也。在日本占领时代，以借鉴于本岛家畜传染病之猖獗，曾商请台湾总督府，分送家畜血清及其预防液等，以资应用，终以分让及输送之能力有限，故于民国三十二年夏季，由其海军特务部，于榆林郊外北五公里许之红砂，有家畜血清制造所之创设，终以建筑资材，及制造用药品暨机械等输入不易，故论其期间规模，以视所预期者，相去甚远。迨三十二年底，牛疫血清制造部门，始告落成，三十四年四月，始从事于牛疫血清之制造，然以设备不齐，终不足以充分发挥其能力也。仅于五、六、七三个月间，为一六〇、〇〇〇公撮（约一、六〇〇头分）之血清之分配，及预防液二〇、〇〇〇公撮（约四〇〇头分）之制造而已。为澈底预防本岛家畜传染病之猖獗计，该所亟应改为国立，将未竣之工，早日完成，以便从事制造，而免功亏一篑也。前行政院宋院长苊琼视察时，余曾面陈本岛家畜之重要，兽疫之猖獗，血清之急切，及该所完成之必要时，当蒙首肯者再，但愿早日实现，俾免损失，而利实用，诚本岛畜产业前途之幸也。前善后总署美畜牧专家狄克生教授奉善后总署命，来琼视察时，亦复列表请求配给血清制造所全部设备，当蒙慨允，果能见诸事实，则当不难早日完成也。

二 屠宰场之设备

为求肉类之合于卫生之处理计，屠宰场之设立，实为必要。盖是项设施，对于家畜传染病，得以及早发现，其被害程度，可望尽量减少也。本岛主要城市，若海口、琼山、文昌、嘉积、万宁、榆林、崖县、北黎、那大等较大城市，亟应分别设置，由各该驻县兽医或兽疫预防员，兼任检查之责。屠宰场，为征收屠宰税及屠宰场使用费所必需之设备。闻台湾过去对于屠宰税之收入，专供家畜奖励，及其卫生经费之需。我国对于屠宰税收，虽另有用途，然为畜产之奖励及其保健计，所需经费，似亦应设法自给，不容恝然置之也。

三 兽疫防除机构之设立

欲求家畜传染病之得以完全防止，及免疫血清预防液等之充分利用计，防疫机构之设立，及技术人员之分配，实为切要。盖为及早为兽疫之发现，及防除之充分计，实属不可或缺者也。以本岛畜产事业地位重要，农林部诚有早日设立兽疫防除处之必要。兽医机构成立后，则其行政技术之推行，均有整个系统，其有助于本岛牧业前途者，非浅鲜矣。

其二　家畜之增产及奖励事业

关于本岛家畜之改良、增产及其奖励，择要分述如次：

一　牛

本岛畜牛，可大别为黄牛及水牛两种。自日人占领本岛后，始有荷兰牛（Holstein）、爱亚西（Ayrshire）、奇尔西（Jersey）等各种乳牛之输入，分述之如次：

1. 黄牛　本岛黄牛，属于印度系统，与广东、广西，并无二致。本岛黄牛总数，估计四十五万头，肉质良好，具有抗病、繁殖、抗暑之力，均极强盛，粗饲粗管，亦复适应之特征，只以饲养管理不善，草原品质欠佳，遂致发生体格矮小，肉量减少，役力不足等各大缺点，故殊有截长补短，以事改良之必要在也。兹述其所应改良之点如次：

（1）黄牛之改良，应由杂种繁殖着手。惟其基本工作，牛种之决定，应由将来设立之本岛畜产试验场，或其研究机构，负责办理，以便实施。

（2）关于黄牛之改良奖励工作，应分为两期，第一期以十年计划为较妥。

（3）不良牡牛去势之强制执行，凡行政机构所认可之种牡牛，应予积极推广（查本岛现状，以劳力关系，反将优良牡牛，予以去势，不良牡牛，任其自由交配，遂致日渐退化，应予严禁）。

（4）优良牡牛，务须奖励保留，并限制其屠宰（尝见力量不足之牡牛，必先予以屠杀，甚非保留良种之道也）。

（5）改良牧野（以现有牧野，一任自然，不加整理，遂致草质恶劣，草量减退）。

（6）缔订改良整理之必要法规。

日本曾由台湾输入印度新度种牡牛，以资试验，尚未得确实结果，农林部所接收办理之海口畜牧场（原名酪农场）现正继续试验，以供改良本岛黄牛之需（按该场自卅六年一月起，已交由国立琼山高级农校接收）。

2. 水牛 本岛水牛，亦属印度系统，与南部各省，及台湾所产者亦复相同，体格视黄牛为大，与台湾水牛，亦约略相似，以供劳役为主，总数估计三十万头。

水牛之皮肉，均不若黄牛之优美，将来应视本岛耕地面积，以决定其必要额数，而避免额外之饲养，用其全力，以备黄牛改进之需。

3. 乳牛 本岛乳牛，自日人登陆后，始由台湾、香港输入者也。所有乳牛价值，未必优良，将来应择适当乳牛以饲养之，以供本岛军民营养之需。查荷兰牛之于台湾，似非绝对相适，本岛究以何种乳牛最为相适，似应继续研究者也。

二　猪

本岛所饲养之猪，即两广所饲养之黑背白腹俗称"花猪"者是也。总数估计六十至七十万头，本岛之猪，以具有下列特点，尔后殊有增产之价值也。

1. 保持全岛同一之体形体色，足以增进商品之价值。

2. 以属小型脂肪（Lard）型，为适应本岛农民经济状况之品种。

3. 繁殖力强，早熟早肥。

4. 传染病之抵抗力强。

5. 堪耐粗饲粗管。

除上述优点外，其劣点亦有得而述者：

1. 脂肪肉多，而赤肉少。

2. 躯干之伸长较少。

改良之点，约有下列各点：

1. 纯粹繁殖，不与他种相混杂。

2. 实行种牡猪之检查，由优良牡猪，以事交配（使用试验场所产之优良种牡猪）。

3. 饲养管理，应各合理（仅以碳水化合物为饲料，终非合理之饲养，嗣后应有油粕即蛋白质系饲料之给予，而为合理之饲养）。

4. 为求澈底奖励计，应有必要法规之公布。

三　家禽

1. 鸡　本岛虽有多种本地种之饲养，然普通体躯矮小，产卵力弱，卵用肉用，均鲜价值，每只平均二斤（日本鸡每只四至五斤），产卵量一年平均五十个（日本一五〇个），卵重每个平均七钱（日本平均一三至一五钱）。欲图改良增产，应采下列诸法，以实施之。

（1）由杂种繁殖法，而谋累进的改良。

（2）改良用原种之选择，应按照畜产试验场之试验结果，以实行之。

（3）优良品种，应由都市而渐及于各乡村。

（4）以优良品种对于传染病之抵抗力弱，应注意于血清及预防液等之整备。

由日人输入之来格航、名古屋种、三河种、洛岛红等四种，在饲养期间，是否适于本岛饲养，虽尚未获确切之判断，然以上四种之在本岛生产者，其能力终不免略形减退也。至其对于气候、风土及疾病之抵抗力，业已相当增进矣。

2. **鸭** 本岛所饲养者，约有二三种，其以"草鸭"名者，产卵能力颇强，一年平均可产一二〇个许，查台湾之以"菜鸭"名者，能力更优，卵量益夥，如能输入原种，以资改良，诚计之得者。

四　山羊

本岛山羊，以褐或黑色者为主，各地均有大量饲养者，由本岛地理环境观之，仍有从事增产奖励之价值也。实施方法，可参照猪之奖励方法行之。

五　马

马之在本岛所饲养者，乃矮马也，系由中央亚细亚经四川而分布于我国南部者也。与蒙古马不同，由军事及产业上观之，殊有从事改良增产之必要。惟俯察本岛畜产现状，若欲从事于马之改良奖励，以其管理饲养，较牛更为困难，一时终感不易着手耳！

马之改良奖励，绝对必要，既如前述，当实施之际，应以阿拉伯种为原种。其计划第一期为十年，第二期为二十年，完成计划，共需三十年，惟以与产牛计划不相冲突原则。其实施方法，与牛并无出入，惟马为军事上必要之家畜，允宜按照作战计划，分别拟定也。

其三　皮革事业

皮革之由本岛产生者，虽有牛皮（黄牛及水牛皮）、京①皮、蛇皮等各种，然仍以牛皮为主要。牛皮可分为黄牛皮及水牛皮二种。若以原皮制造方法而区别之，则可分为素干皮、盐皮及药干皮三种。查皮革事业，原分为原皮、制革、革制品等三项事业，分述如次：

一　原皮事业

牛原皮虽全岛均可搜集，然嘉积、那大以北各地所产者，约占八成（全岛估计可产六至八万张，唯日人仅搜集至四万张而已）。南部地方及其内地，以运输关系，搜集至感困难，且由品质上观之，北部所产者，较为优美，南部及内地以剥皮技术窳劣及运输不便之故，出品终较逊色也。

然本岛之牛原皮由各部观察，终不能谓之最良之原皮也。故嗣后如欲求优良品质之增产，下列各点，所宜注意者也：

1. 剥皮技术之改进。
2. 剥皮后之完全处理。
3. 原皮之为保管及运输之整备者，应从事于药干皮之制造。

缘是，下列各点所应注意者也：

1. 设立屠宰场从事于剥皮技术之指导，及剥皮后之完全处理。
2. 牛皮在军事上极为重要，应有政府统制之必要。
3. 本岛牛原皮之大量输出，极为必要，应与其他产业开发，同谋出路。

---

① 疑为麖之误，即马鹿（水鹿）。——编者

二　制革皮业

本岛原有制革事业，仅以海口市为中心之手工业制造工场而已。迨日军登陆后，始有大量生产计划，于海口市外大英山下，设立制革工场。只以机械及各种资料，不易得手，遂致不克完成，以迄于今，该工场与酪农场，本同为海南畜产会社事业之一部，只以此次接收步骤紊乱，由军政部代为接收。该工场之内容，如能为之充实，则可由现在一万至一万二千张之能力，进为三万张也。嗣后如为本岛整个畜产业开发及改进计，殊有仍归农林部或由改制后农林行政机构接管经营之必要在也。

制鞣用单宁，以由岛外输入，得手困难，故制革工场内，有采用本岛所产红树（Mangrove）皮，提取单宁之设施，每月使用树皮二万斤，以备制鞣之需，虽所得单宁，未必优良，然在青黄不接之际，抑亦应急之一道也。嗣后如能采用优良药品及其资料，并聘用优秀技术人员，则成品之改进，固可不言而喻者也。

三　制革品事业

本事业在日人经营时代，本与原皮及制革两事业，同受统制，而于同一组织下（即海南畜产会社），作大量生产之整备者也。停战后，与制革工场，同为军政部接收。查皮革事业，虽与军事上，具有密切关系，然以事业性质，确为畜产事业之一部，如能仍由同一机关共同经营，力图改进，则收效之巨，终非分化支离，所能望其项背也。

四　畜产加工事业

本岛畜产加工事业之为大量生产量，厥为日人所设之水垣产业会社海口工场（资金三〇〇万日元），以从事于肉类罐头制造，及肉类冷冻事业，及其他畜产加工事业之经营（罐头事业年产五五〇至六〇〇吨，冷冻事业一昼夜一〇吨，其他产业加工事业，年产六〇吨）。该会社，在日人经营时代，虽按需要，以制罐事业为主体，然今后肉类加工事业，应以冷冻事业为中心，畴昔关于牛猪之向广东、香港输出者，均属生畜，若改用冷冻肉类供给，抑亦较善之一法也。该会社亦由军政部代为接收，初改为三垣工场，现改为军政部营养厂云。论其性质亦应由农林部或改制后之农林行政机构接收整理者也。

第六节　水产业

海南岛，介北纬一八度至二〇度，东经一〇八度二〇分至一一一度间，北控海南海峡，而与雷州半岛相接壤，西距东京湾，而与安南相遥望，东南面临大洋，而与西沙群岛相对峙（相去仅一百四十哩），乃南中国海中一大孤岛也。其地理环境，在东西两方，与底鱼渔场之大陆栅（Continental shelf）（约二百公尺深度以下之海域）相接连，东南方与浮鱼类之良好渔场之深海相遥应，海岸线屈曲多姿，形成天然良港，不惟渔业根据地，随处可得，即周围各地，鱼族丰富，周年不绝，诚南中国海中之一宝库也。故岛民原有渔场，亦视他处发达，占本岛实业中一大地位。

其一　气候及海况

论海上气候，大体自五月顷入西南信风季，海上平稳，间有台风之来袭，九月风向转变，迨及下旬，东北风渐强，而示冬季型季节风之征候。迨自十一月中旬，至二月间，其卓越期也，海况颇不稳定,自二月始,季节风渐次式微,海上略呈平静,然至三月,仍每日不绝吹袭也。

本岛近海潮流,虽欠详明,然在北部海区,受沿大陆南下之比较寒冷潮流之影响甚大,且尤以在东北信风期间为然。南部海区,以受暖流分派之影响,暖流性亦若相当浓厚者然。东西两海面,为寒暖雨水带相接触之处,虽以时期略有消长,然在西部海区,寒冷水之影响顿杀,而呈暖流性之势力增强之倾向也。潮流相当强盛,上下流之反对方向,亦复不鲜。本岛渔业,受其支配者,实深且巨也。

其二 水产资源

本岛近海,概属暖流性,以视北部寒冷海水,水色清,比重高,水中养分缺乏,鱼族饵料,必不可缺。浮游性动物之发生极少,故鱼族种类之分布,为数虽多,然一种类鱼族之浓密大群,不易多觏,仅为若干之群栖而已。底鱼类连子鲷及赤松鲷等,屈指可数,迨及夏季,则仅见徘徊沿岸之海河鱼(鳁)及鲣(鲣)等游鱼类而已。

尔外,足为本岛渔业开发上重要资源之一马鲛(鲔)旗鱼类,尤宜详加注意,惟其渔场,则属相当遥远,非本岛近海所可见及者矣。本岛鱼类之主要者,略举如次:

一 鱼类

1. 浮鱼类 马鲛(鲔)、旗鱼、鲣(鲣)、海河鱼(鳁)、鲅(鳍)、飞鱼、竹荚鱼(鲹)、乌头鱼(鲻)、沙鱼(鲨)、鲳鱼、西刀、带鱼、针银鱼。

2. 底鱼类 连子鲷、红鱼(赤松)、蛇头鱼、秋古鱼、金线鱼、海鳗、白口鲷、白鲷、血子鲷、真鲷、长鲷、红眼鲷、石斑鱼（注：鲷系日名，我国均称海鲫鱼）。

3. 河鱼类　鲤、鲥、鲢鱼、鲮鱼、草鱼等。

二　其他动植物

1. 动物　鱿鱼、乌贼、闽虾（车虾）、其他虾类、蟹蛤、牡蛎、蚶（赤贝）、高濑贝、夜光贝、黑蝶贝、海绵、海参。

2. 植物　石花菜、海苔。

其三　水产设施

一　水产试验机关之设置

渔场之开拓及其扩充也，有待于试验研究之结果者甚切；良以渔业上各项问题之经试验研究后，新式渔业之发展，渔具渔法之改良，渔业能率之增进，均能得一保障，而有充分之增产故也。他如养殖及制造加工方法之调查、研究及其改善，实属水产业开发上必不可少之要务。查本岛在日本占领时期所有水产试验本规定于产业试验场中，另设水产一科，以资研究，农林部海南岛农林试验场，果能早日成立（按该场已于三十六年秋组织成立），则以该场中，另有水产专组之设，全岛水产问题之研究，当能日益进展也。

二　水产学校之设置

欲求水产事业之开发，水产知识之普及，及其技术之进步，实为必要，本岛水产事业之重要，当于各项产业中，首屈一指。所有日人所办渔业公司，由我国政府接收办理后，为国内水产人才缺乏。暂谋事业维持计，所有原有日籍技术人员，无不概予留用，以免中断。为图救急计，拟就现有人才，及其设备，设立讲习班，或训练班，召集本岛高小或初中毕业生四十名，以资短期训练，而便接替。水产学校实为养成水产干部人才之所，允宜早日设置，以应急需也。余三十五年秋受命创设之国立琼山高级农业职业学校，共分六科，内有水产科之设，他日待有规模，当可独立设置也。

三　鱼市场之设立

为求本岛原有渔获物之贩卖方法之改善，及交易之公平计，鱼市场之设立，实为切要，盖谋本岛渔业之发达充实上所必要也。

四　渔业基地之建设

本岛渔业基地之设施，就渔场及其他关系上观之，大体可分为下列四区，必各就适当地点，分别建设可也。

1.海口区；2.清澜区；3.榆林区；4.新英区（白马井）。

基地之陆上设施，乃热带地渔业所必需而不可缺者。其必要设备：

1. 制冰冷冻工场。

2. 造船设备。

3. 发动机制造及修理工场。

4. 加油设备。

5. 给水设备。

6. 取鱼场及栈桥。

7. 渔业用无线电信设备。

他如港湾设备中，便于渔船出入航政标识等之设置，亦属必要。

五　渔业取缔法规之制定

在一定渔场内，所有渔船之容纳，自各有其限度。为防止渔场之荒废，鱼群之绝灭，及幼鱼之滥捕计，所有渔场、渔具及渔法等，均各有限制之必要。且为防止渔业纷争，而图渔业之发达计，本岛渔业取缔法规之制定实施，亦不容缓也。

其五　渔捞业

本岛渔业环境之优美，虽如前述，然其发达，仍有待于今后之开发也。兹将尔后有望而能勃兴之渔业种类，择要述之如次：

一　拖网机船渔业

本渔业乃今日本岛渔业中之最为有望，而为一般所期待者也，足为将来本岛渔业之大宗，非过誉也。是项渔业，以多种底栖鱼族为渔获目标。其渔场之既知者，面积已极广袤，嗣后当可更事扩充也。其既知渔场可大别为清澜东方外海渔场，榆林东南方渔场，安南周仑外海（Tourane）渔场等，渔期虽皆周年，然其渔况，各渔场以季节不同，各自互为消长也。以作业于东北信风期间，故其渔船应有选择相当大型而复坚固优美之必要。日本在本岛所设之渔业公司，而从事于拖网渔业之经营者，计西大洋渔业统制株式会社与海南岛水产株式会社，由农林部接收后，改设海南水产公司，合并经营。渔船之可用者，计在十艘以上，以船体颇多腐朽，现正从事修理，以便按照计划，分别出渔。

二　马鲛旗鱼钓渔业

以榆林港东南方深海区为渔场，由榆林外海五十六里附近，至西沙群岛，更远而达新南群岛近海，南迄安南外海均为良好渔场。其渔期、渔区等详细调查，虽有待于今后之努力，然其为极端有望渔场之一，固无疑义也。而后将与饵料问题之解决，同呈盛况。渔场当更将向远洋扩充也。其渔获物，以黄皮马鲛等鱼类为夥。

三　母船钓渔业

本渔业，现由大型帆船，以红鱼为渔获目标而作业者也，为本岛最大之渔业。渔期自四月顷至翌年四五月，就中以十二月顷至三月顷为盛渔期，可获相等产量，只以母船为帆船，尚不足以发挥其能率，如能改用机动渔船，则能率增进，面目一新，并可以连子鲷为目标，该项渔业当随之勃兴矣。至其饵料、渔具、渔法，虽须待今后之详细调查与研究，然其为相当有望之事业，则无庸疑虑者也。

四　鲅流网渔业

本渔业，在四五月顷，于南部榆林、三亚方面沿海地方，为极小规模之进行，其渔业颇有扩充之余地也。渔具渔法，如能予以改善，可望相当发达也。

五　飞渔流网渔业

五六月间，在本岛东北部沿海来游之飞鱼，与七八月间之海河鱼，均为从来清澜基地渔船之主要渔业目标，各有相当生产，只以渔船、渔具、渔法拙劣，能率均未大著，如能予以改善，并复从事于东南部渔场之间开拓，则相当之增产，可预卜也。

六　火诱网渔业

夏季本岛沿海来游之小海河鱼群相当浓密，畴昔用地拖网等以渔获之，如能改用利用火光之火诱网（日称焚寄网），则亦极有望之渔业也。

七　钓鳠渔业

鳠于夏季来游本岛沿岸，可有相当渔获之钓渔业也。鱼群之大小、密度及其性质等，仍有待于充分之调查也。

八　张网渔业

由沿岸渔民之渔获物观之，虽以竹荚鱼、乌头鱼、小马鲛、海河鱼等为夥，然其鱼群之程度，与潮流及海况之关系，迄未晓然，故本渔业之可否成立，不克预定，惟其建筑，于沿海各地，所在皆是，今后如能再加切实研究，则本渔业前途，未始不可乐观者也。

其五　养殖业

本岛从无正规之养殖业，有之，亦惟限于利用灌溉用池沼，为极粗放之鲤及鲢等之放殖而已。至海滩地之利用，及咸水养殖，则可谓绝迹也已。

本岛以热量之天赋独厚，生物之发育极佳，故颇适于养殖业之经营。至淡水养殖，以水利不便，及饵料、肥料等问题，尚未晓然之故，倘遽欲从事于集约的养殖业之奖励推广，不免危险。至利用池沼，以备粗放的养鱼之奖励，果能予以训练，及充分研究，而渐次为集约经营之诱导，亦未始非有望之事业也。

至海滩地之利用，及咸水养殖，以全无经验，故其指导极感困难，应派具有实地经验之指导员，按照调查研究结果，以从事于指导推广工作，当不致如何失败也。

一　淡水养殖业

本岛之主要淡水养殖业，惟作鲤、鲢、鳙及草鱼等混养而已。鲤、鲢等鱼苗，本岛虽亦有之，然其他鱼苗，均有待于广东之输入。尔后如能注意于该项淡水鱼类之单养及略较集约之养殖，则草鱼之养殖，殊属有望者也。

二　咸水养殖业

咸水养殖，将来可能勃兴，而有望者也。下列数种鱼苗问题等，颇难一时解决，亦仍有待于充分之调查研究也。至若适地调查，以谋养殖面积之扩充，亦应详加注意者也。

1. 虱目鱼之养殖　　2. 车虾鱼之养殖
3. 乌头鱼之养殖　　4. 牡蛎之养殖
5. 蛤之养殖　　　　6. 蚶之养殖（应注意优良种之输入）

其六　制造业

本岛从无专门之水产制造业，有之，亦惟限于各种鱼类之盐藏及盐干制品，而为渔业之附庸而已。虽偶有若干鱿鱼之生产，然亦复性质相同，制品恶劣，亟应充分调查研究，以谋制品之改善也。

制造业之原料，均仰给于渔业，故其盛衰兴替，均受渔业之支配，斯业之奖励推进，虽不能若预期之乐观，然俯察本岛情势，终可视为相当有望者也。然有不能已于言者，本岛以高温多湿，制造加工，极为困难，故应切实研究，以谋优良新制品之产生。

至罐头制造业,在本岛成功颇易,而有勃兴之望者也。前西大洋渔业会社,对于是项设备,已具相当规模(由农林部接收后,以器材缺乏,未能复工,现为该部海南水产公司之一部,如能予以补充,当不难加工制造也)。海口水垣产业株式会社,具有罐头、制冰、冷藏、冷冻、酿造、肉类加工之设备,规模颇大(由军政部接收后,曾一度开工,待原料用尽后,即行停工,去年由敌伪产业处理局标卖),论理亦应由农林部接收,俾便与渔业及畜产事业具有联系关系之各公司,共同进行,以收相得益彰之效也。

　　本岛日人所设渔业机构之由农林部接收者,计西大洋渔业统制会社(林兼商店),有渔船及制冰、冷冻、制造、加工等设备,资金六〇〇万日元;海南岛株式会社,有渔船及制冰、冷冻等设备,资金三五〇万日元;拓南产业株式会社,仅从事于水产加工,资金五〇万日元。以上三分公司均在榆林。至在白马井之南日本渔业统制株式会社,具有制冰、冷冻设备,资金二〇〇万日元,以地方治安欠靖,破坏至烈,所有各公司渔船之经农林部接收者,计大小二十八艘,今春农林部成立海南水产公司,将海南所有渔业机构合并经营,如能修理渔船,补充器材,并拨用善后救济总署美国新式渔船二三十艘,则当面目一新,终不难成为一我国南方有力之渔业基地也。查渔业公司之制冰、罐头两厂,为渔业公司不可分离之主要事业,昧者不察,辄有代为分化,脱离母体,独立经营之议,不知渔捞加工为整个水产系统事业,若予强为分裂,势将支离不可收拾,幸谋国者,郑重将事,勿为识者所窃笑也。

第七节　农林研究

　　海南为我国热带农业惟一地区,其农作、园艺、森林、畜产、水产、农产加工等各项问题之研究，有待于农林试验场之解决者，所在皆是。当日本占领时代，其有关农业研究机关，计有三亚之产业试验场，崖县之东京帝国大学热带林研究所，榆林之台北帝国大学南方资源实验所，及海口之植物检查所等四处。接收后，虽以事业停顿，损失不赀，然其图书、仪器，足资应用者，为数尚多。今海南岛农林试验场，既经行政院会议议决，且由立法院完成程序，当可见诸实施（按该场已于三十六年秋组织成立）。窃查该场经规定分为农事、林业、畜牧、兽医、水产、农业经济五组，则三亚产业试验场如能屹然犹存，不改旧观，则将来农林试验场新址，自以仍就该场设立为得。惜遭乱民摧毁，除场地尚堪应用外，业已荡然无遗，一时无法恢复，故其总场，目下仍以设立海口或琼山为宜，如能将琼山五公祠房屋拨供总场场址之用，尤为理想。该项除总场之外，允宜分设各专业分场于各处。如畜牧试验场分场设于现有海口畜牧场内；水产试验场分场设于榆林之海南水产公司内，或清澜地方；林业试验分场设于崖县之旧东京帝国大学热带林研究所内；棉作试验分场，设于北黎之旧南洋企业会社内，稻作试验分场，设于陵水之旧台拓产业会社内，则莫不事半功倍。至若树胶、果树及药用植物等各项问题之研究试验，则应另设专场，以资研究，而谋改进矣。

第四章　开矿及制铁计划

第一节　已开矿山概况

其一　石碌铁矿（昌江县属石碌山）

一　实施计划

每年拟出矿三百万吨，并将所需附属设备全部完成。

二　计划进行

1. 采矿设备　民国三十三年三月完成转石层一百五十万吨之采矿设备，惟其继续本体开采，每年三百万吨之采矿设备，尚未完成。

2. 铁道设备　由矿山至八所港，五十二公里之单轨铁路，业已通车，轨间三呎六吋，原有机车（车头）十二辆，货车二百四十七辆。

3. 港湾设备　八所港业已完成，可容一万吨级货轮二艘之停泊，堤岸水深九公尺，有每小时可以起卸一千吨能力矿石之起卸机二架，并已将足以贮矿二十四万吨之高架线贮矿场建设完成。

三　生产量

兹将石碌矿山过去数年间之生产量表列如次：

年　别	采掘量（吨）	输出量（吨）	备　考
民国三十年	五、〇〇〇	—	
三十一年	九五、七二四	五一、四五六	
三十二年	三九三、五五三	二四八、〇一二	
三十三年	二〇〇、九九七	一一〇、九〇〇	
合计	六九五、二四七	四一〇、三六八	

四　贮矿量

八所港计二二五、五〇二吨。

本矿山容量极大，且复品质优良，确具开发价值，惟机器及其生产设备尚未完成，且由经济部接收后，以不善保管，损失甚巨，嗣后复业，当亦颇费踌躇也。

其二　田独铁矿

一　实施计划

完成每年出矿一百万吨之各项机器设备，及其一切附属工具。

二　计划进行

1. **采矿设备**　每年采矿一百万吨之采矿设备，已于民国三十二年二月完成。

2. **铁道设备**　由田独至安游间十二公里之运输铁路，业已完成，轨间为三呎六吋，原有机车七辆，货车一百四十九辆。田独至川口间十公里之轻便铁道，亦已完成，轨间二呎，原有机车十九辆，货车八百五十辆。

3. 港湾设备 已完成可容一万吨级货轮一艘停泊之设备，水深九公尺，并有每小时起卸七〇〇吨能力之起重机两架，及广大之露天贮矿场。

三　生产量

兹将田独矿山过去数年之生产量表列如次：

年　别	生产量（吨）	输出量（吨）	备　考
民国二十九年	一六九、五九九	一六七、九九一	
三十年	三五五、九二一	三〇六、六三四	
三十一年	八九三、八二四	八〇五、〇九八	
三十二年	九一八、五一一	八三二、二一四	
民国三十三年	三五三、四三六	三〇四、一二〇	
合计	二、六九一、二九一	二、四一六、〇五七	

四　贮矿量

川口一二〇、四〇七吨、安游一五二、九六七吨、合计二七三、三七四吨。

本矿山之采矿设备，均已齐全，嗣后应否继续开采，应视矿砂之销路如何而定，查现存矿量不多，其采矿量当逐渐减低，仅足供数年之开采已耳。

其三　羊角岭水晶矿山

本矿山，在定安县，长昌南五公里许，露天开采。当最盛时期，使用矿工一千名，月产十八吨，惟其后矿量渐减，仅月产三吨而已。民国三十四年五月已全部停办，现存矿量，当已甚少，统计每年产量如下：

年　别	生产（吨）
民国三十一年	四、五二〇
三十二年	二三、五三七
三十三年	八八、三八八
合计	一一六、四四五
贮矿量（吨）	
海口市	一、八〇〇
嘉积市	二二、二九〇
榆林市	九、〇〇〇
合计	三三、〇九〇

其四　华南第一矿山

该矿在广东省阳江县东南方之南朋岛，乃钨矿矿山也。

一　实施计划

有月产钨矿三〇吨产量之设备。

二　计划进行

本计划之必要设备，业已全部完成，惟民国三十四年五月间，日军将一切设备破坏后，始行撤退，故今后开发，仍须重事部署也。

三　生产量（牛角山岛所产者包括在内）

年　别	生产数量（吨）	输出数量（吨）
民国二十八年	一六八、五五四	一五一、四八五
二十九年	一四三、三六二	一四七、三五七
三十年	二二九、三五一	一一二、九六〇
三十一年	二四五、六六二	二四〇、〇〇〇

续表

年　别	生产数量（吨）	输出数量（吨）
三十二年	三一三、九九〇	三六〇、〇〇〇
三十三年	二一八、五二〇	一六〇、〇〇〇
三十四年	一三、〇〇〇	五、〇〇〇
合计	一、三三二、三七九	一、一七六、七七二

四　贮矿量

海口四六·二吨，榆林一八吨。

其残余矿量在水面下部，惟采掘困难，蕴藏亦仅少量而已。

第二节　矿山开采计划

其一　铁矿

一　石碌矿山

1. 转石层开采及其运输设备　石碌矿山之转石层开采设备，系属阶段采法，业已完成，其第三矿体包括在内，每年具有出矿一百万吨之能力。

2. 本体采掘及其运输设备　采取露天坑井法（Gloryhale System），原定计划每年出矿三百万吨，业已完成五十％，其系统如次：

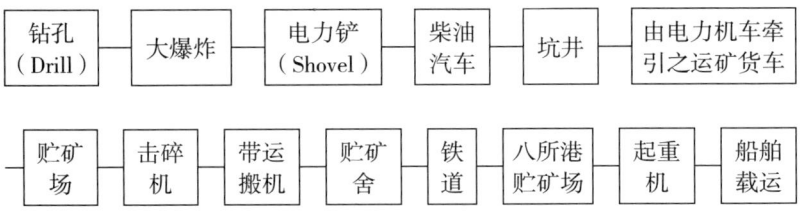

上列运输系统中,其尚未完成之设备,分述如下:

(1)坑井设备　由开采场降落下部隧道矿石车之坑井起重作业,及起重机之装置,暨隧道起重之一部工程,均未完成。

(2)击碎设备　贮矿室内之水泥地基,尚有一部未能完成。击碎机一架,虽已运到,尚未装置完竣。由碎矿场运至贮矿槽之带搬运机,尚未完成。贮矿槽之水泥工程亦未完成。

(3)铁道设备　石碌至宝桥间之电化工程,尚未完成。

(4)港湾设备　防波堤之一部及起重机两架,均未装置完竣。

本事业进行上所必需,而未运到之主要机器表列如下:

类　　别	机器名称	已到者	未到者	备　　考
采掘设备	钻孔机	三	十七	大爆炸钻孔用
	电力铲	三	七	供大爆炸掘起之矿石载卸用
	运矿专用柴油汽车	一	七	供搬运矿石至坑井上部坑口用
	电力机车	一	二	供搬出降落隧道而运入货车之矿石用
	碎矿机	三	一	装置未竣
铁道设备	电力机车	一	五	

尔外尚需水泥三、〇〇〇吨,专供设置采掘设备之用。惟战后日本重工业破坏已巨,此项机械,如仍由日本购取,事实上恐不可能,为应急计,应即完成下列之临时出矿设备。

由大爆炸所采起之矿石，最大者，其直径均一公尺以上，应继续击碎，不得超过三十公厘。运输方法，与露天开采者同，亦由坑井降落至下部坑道，以与露天开采之主要运输机相联络，而使之出矿者也。由此法以完成本体年产五〇万吨之出矿设备。第二年起，为补救露天开采法产矿之递减计，并须渐次增加其坑井，俾本体出矿量，得以渐增，用维每年一五〇吨之出矿能力。此项计划，约需半年后，始获完成。现存物资，足敷大部应用矣。应用此法，则露天开采，每年得一百万吨，本体每年可得五十万吨，共计一百五十万吨。该项开采矿计划，按照石碌矿山现状而论，当为最高之矿量也。

二　田独矿山

本矿山之阶段式露天开采及一部之坑井法，年产一百万吨之出矿设备，虽已完成，惟以现时残余矿量，已极有限，且开采愈深，则排土量亦随之增加，故第二年五十万吨之出矿量，已属产量之最高者矣。

三　铁矿生产计划，有如下表：

矿山别	矿种	每年生产量	品位	备考
石碌	赤铁矿	一五〇万吨	六二%	由转石层出矿一百万吨，由本体出矿五十万吨
田独	磁铁矿	五〇万吨	六四%	
合计		二〇〇万吨		

四 所需物资及其员工（以一年计算）

1. 煤

石碌	五二、五〇〇吨	每年运送矿石一五〇万吨，每日运送量五、〇〇〇吨。一次载三五吨，二十辆货车载七〇〇吨，每日约运七次，一年间之所需煤量：25 吨 ×7 次 ×300 日 =52,500 吨。
田独	二、七〇〇吨	年产为五〇万吨；一日约一、七〇〇吨；一次载二五吨，二四辆货车载六〇〇吨，每日约运三次，所需煤：1 次 3 吨 ×3 次 ×300 日 =2,700 吨。
	一二、〇〇〇吨	（发电用）每日一部消费二〇吨；20 吨 ×2 部 ×300 日 =12,000 吨。
合计		六七、二〇〇吨

2. 汽油（单位桶，每桶二〇〇公升[①]）

石碌	九、九〇〇桶	食粮及材料运输用。矿山用每日二〇桶，第三矿体运出用三桶，及本体开采用三桶包括在内，八所每日一三桶合计一日三三桶；33 桶 ×300 日 =9,900 桶。
田独	九〇〇桶	运送材料用；每日 3 桶 ×300 日 =900 桶。
合计		一〇、八〇〇桶

3. 柴油（单位桶，每桶二〇〇公升）

石碌	一、一七六桶	柴油汽车一日消费二·二七桶，每月六八桶，每年八一六桶。石碌之预备发电机三五〇瓩[②]及四五〇瓩者各一部；九〇〇马力者一部。八所之预备发电机三五〇瓩者二部；每月消费三〇桶，每年三六〇桶。

[①] "公升"，当时常用容积单位，现为"升"。——编者
[②] "瓩"，电的功率单位，今作"千瓦"。——编者

续表

田独	六〇〇桶	田独一五〇瓩之发电机二部,安游三〇〇瓩发电机一部,沙见九〇〇瓩发电机一部、每月消费五〇桶,每年六〇〇桶。
合计		一、七七六桶

4. 船舶 将每年所产矿石,运至岛外之炼钢厂,经常约需五千至八千吨级汽船十八艘。

5. 员工

石碌	职员	一、五〇〇人	工人	二〇、〇〇〇人	计	二一、五〇〇人
田独	同	七〇〇人	同	七、〇〇〇人	计	七、七〇〇人
合计	同	二、二〇〇人	同	二七、〇〇〇人		二九、二〇〇人

其二 水晶

水晶发振机,为构成无线电机之重要部分,故水晶之开采事业,甚为切要。本岛水晶矿中之产量较多者,为羊角岭矿山,且系简单之露天开采,当不难恢复也。惟本矿残余矿量,为数甚少,而本岛贮存量尚有三十三吨,故一时尚无急切恢复之必要也,他处亦有水晶之蕴藏,应即着手调查,以备随时开采。

第三节 制铁业计划

制铁事业,为一切重工业之基础,国力盛衰所由系也。当实施之初,应先从事于全国铁路资源,及燃料用煤,暨副原料石灰石与锰等之生产情况,以迄立地条件等调查后,始足以云设计。本岛制铁事业,应使之成为全国制铁计划之一环,而后始可指臂相使应付裕如也。

查本岛虽有铁、石灰石、锰等地下资源之丰富蕴藏，然为制铁事业上所感重要燃料之煤，竟付阙如，实本岛制铁计划中之最大难题也。所幸我国北部拥有宣化、井陉、金岭镇等之铁矿，山西全省之煤矿中，制铁必需之粘结煤，蕴藏亦极丰富。中部拥有利国、铜官山、鸡冠山、大冶等处之铁矿，以上各处，均在长江沿岸，航运称便，故我国之制铁事业，允宜致其全力，促其发展。于北部选择适当地点，建设大规模之熔矿炉，生产铸铁，除将其一部即由炼钢厂炼钢外，并运其一部至华中、华南各省，与长江沿岸所产铸铁，应用平炉，从事炼钢。在华南（本岛在内）方面，可将萍乡之粘结煤，与本岛之铁矿，在国防建设目标下，以谋制铁事业之发展。本岛矿石以石碌、田独所产者，以其铜、硫黄、磷等，有害成分含量甚少，质量优良，故其由熔矿炉，制成之铸铁，赋予低硫、低磷、低铜之重要特性，以其半数直接装入平炉中，便可产铜，颇为得计。以上性质，为本岛矿石所特有，故本岛铁矿石，诚可以优良铁屑之一大蕴藏目之也。就其特点而运用之，不惟足以增加其铸铁对于钢铁之生产比率，且复减低钢之生产费用。考其品质，并具碳素钢及特殊钢之优良性质。现时本岛之铁矿生产量，年达二百万吨，除其中五十万吨，应运至华中、华南，以备炼钢事业之发展外，其余一百五十万吨，目前似可运往日本八幡，制造铸铁及钢，然后运回国内，以资应用，抑亦应急之一法也。

本岛铁矿资源，据测探所得，为量极富，嗣后如与国内制铁扩充计划相辅而行，可望年产矿石五〇〇万吨，以转石之经发现者，为数已夥，将来果用物理探矿，则优良铁山之发现，实意中事也。

本岛精炼事业，日人前于八所所设之海南原铁制造所，具有每日生产一吨海绵铁之设备，由海绵铁以制造钢铁，应有电气炉之必要。惟本岛电气炉之制造，不惟尚无设备，重以燃料价昂之故，生产费用，必不低廉，故短期间内，似尚难运用也。

查接毗本岛之安南鸿基方面，无烟煤产量甚夥，与华北之粘结煤，同属主要燃料，尔往虽有日产二十吨小型之熔炉设置之计划，惟对于小型熔矿炉之作业尚无充分经验，使用时，不免发生困难，故其计划终未实现也。且小矿炉燃料之消费，亦较大矿炉为巨，故生产费用，亦不免随之增高，故一时似难适用也。

兹将大型炉及小型炉作业上所需原料数量，及建设小型矿炉所需资材，列表如下，以资参考。

所需原料数量表（矿石品位平均六三·九％）

区 别	石碌或田独矿石（吨）	煤（吨）	焦煤（吨）	石灰石（吨）	锰（吨）	备 考
矿石（每吨）		一·九九	一·〇一	〇·四八	〇·〇四	焦煤量即由上述之煤所制造者
铸铁（每吨）	一·四六三	二·九三	一·六〇	〇·七〇	〇·〇五	焦煤之成分五五·七％

小型熔矿炉两部及其附属设备暨焦煤设备一套，所需资材表：

铸铁年产	一二、〇〇〇吨（所需矿石一七、五〇〇吨，品位六三·九％）。
无烟煤年产	一七、五〇〇吨。
粘结煤年产	一七、五〇〇吨（若为焦煤，年产一九、二〇〇吨）
石灰石年产	八、四〇〇吨。

续表

锰矿年产	六〇〇吨。
建设所需期间	新设者约七个月。
建设所需人员	技术员工二七人；劳工三〇〇人。
熔矿炉所需（钢料及铸铁）	二二五吨。
焦煤所需（钢料及铸铁）	五〇吨。
其他所需（钢料及铸铁）	一一〇吨。
前三项共计	三八五吨。
耐火砖瓦	一、七〇〇吨。
铜	五吨。

第五章　盐业及其附属化学工业计划

第一节　绪言

本岛盐业，以地理环境优良，阳光、热力，天惠独厚，已具盐场之良好条件。益以莺歌海盐业区域，天赋条件尤为有利，果能按照计划，而作合理开发，则其成功，可预卜也。惟细察目下社会情形，及经济状态，其全部工程，可否即日进行，尚属疑问，不若先就设备最善，产量最多之原有盐田，于最短期内，从事复兴，并渐次建设新式盐田（工程设计约需一年），以谋本岛盐业之迅速进展之为愈也。

第二节　挽救目前盐业危机之对策

其一　原有盐田之状况

本岛主要盐场，计有三亚、榆林、北黎、感恩、儋县、后水、海口、塔市、清澜、长坡、潭门、和乐、东乐、东澳、新村、保平、九所、海显、马袅等处，分布全岛海岸，以供邻接地区消费之需。其中三亚、北黎、后水三处，且各有相当广阔之盐田。其出产盐量，除小部供给当地消费外，均系运输内陆各地。该三区产盐运销，对于本岛贸易，贡献至巨，全岛产盐年约五万顿（约八十万担），其供本岛消费用者，约二万吨（三十二万担），余盐三万吨（四十八万担），乃运往香港、广东等地销售者也。

本岛盐业若详加考察，则其盐田之构造，及制盐之技术不乏缺点，益以治安欠靖，经济落后，遂致产量递减，诚为憾事。亟应改进，俾成一大产业，果能按照计划，将剩余产盐，输入内地，则不惟足补华南食盐之不足，且可交换本岛所需之物资，诚一举而两得者也。

其二　指导并改良技术以谋增产

本岛盐田中，除三亚、榆林、北黎地区之制盐法，与台湾相同，均系以日光晒法制造者外，他处盐田，皆以砂媒煎熬法制造之，盖与日本内地相同者也。惟本岛两种制法，成绩复远逊台湾及日本者何哉？盖以技术幼稚故也。尔后下列各点，均应设法改善，并派技术人员前往各地实地指导，以期改善为要。

一、盐田设备之改造（盐田内各处贮水池、水路、灶、锅等各项设备之改善）。

二、采咸及煎熬工作之改善——即行水、灌水、整理、平地、撒砂、采咸、采盐及余液处理煎熬方法等之改善。

三、日光晒水制盐法之奖励——此法之特色在于不用燃料，并亦无煎熬设备之必要，生产费较为低廉。

四、停工盐田之恢复。

五、荒废盐田之修复。

其三　盐务指导员之训练

盐业技术之指导工作，必须训练专门盐务指导人员，分赴各地盐田，及煎熬场所，实地指导，以期改善。惟以盐田分散各地，且复类在交通不便治安欠佳之区，全面指导，诚非易易。欲在本岛一时物色多数优秀盐务技术人员，实属困难，故盐务指导人员训练机构之设立，以便大量指导人员之养成，实为必要。

第三节　新式盐田建设方略

其一　盐田建设计划

前由日人开辟之崖县西岸莺歌海之盐田，乃亚洲最优之制盐作业地也。若以此处继续开辟最新式盐田三、四〇〇公顷，则将来每年产盐当有递增三十四万至四十一万吨之可能，若更并谋副产品工场之设立，及制盐废液（苦液）之利用工业之兴办，则复可获取多数副产品，及熟盐四万吨至六万吨之生产，生熟盐合计年产三十八万吨以至四十七万吨也。如将此全部产盐运销岛外，或即在岛内以谋烧碱及氯气工业等之食盐原料工业之勃兴，则其生产及输出量，可激增至十余倍，不惟为本岛之惟一产业，抑亦政府之有力财源也。

其二　盐田之产盐量及其副产物

按照台湾之悠久经验，本岛莺歌海以得天赋独厚，故其盐田，如技术熟练，每公顷年可产盐一百二十吨，结晶池中果能敷之以砖，则每公顷年产一百五十吨，亦非难事。然盐田亦非设置之初，即可达到最高生产量者，须随其熟练程度而渐次增加者也，即如莺歌海盐田约须使用工人五千名，大部分均属无经验者，经训练后，所有技术益臻熟练，故第一年每公顷达三十五吨，次年可达六十五吨，第三年可达九十五吨，第四年可达一百一十吨，迨第五年，始能达到一百二十吨也。

副产物工厂可于第三年实施之，盖随盐田苦液生产量之增加，而同时开办制造者也。迨盐田开筑达第五年后，工厂能力之发挥，便达最高度潮矣。其总生产量，约如下表所列：

盐及副产物之生产量

品　　名	生产量	主要用途
盐田生产之生盐	三十四万至四十一万吨	合计三十八万至四十七万吨
工厂副产熟盐	四万至六万吨	
硫酸钙	一万吨	供制水泥，窑业及工艺用
硫酸镁	一万三千吨	供制医疗及化学药品暨肥料等用
氯化镁	三万吨	供航空器材金属镁原料用
氯化钾	一万二千吨	供制肥料、炸药、化学药品用
溴	四百九十吨	供制航空燃料及药品用

附志　上表仅列其主要用途已耳！此外更可供制造医疗药品、化学染料、工业药品及肥皂等原料用。其足以应用于化学工业制品者，颇为广泛。

其三　产品之供销

迨前述各项建设，完全成功时，其产品除食盐外，复可获得大量之副产物，其销路亦可绝无问题。分述如下：

一　盐

计划生产之盐，约为三十八万吨（六百余万担，）至四十七万吨，本岛所需，仅将岛内零星盐田，从事增产，不惟足资供应，且复盈余三万吨矣。故当苛性钠（烧碱）及其他利用工业尚未发达以前，由莺歌海盐田生产之盐，似可尽量向香港、广东等地运销，以济内陆各地食盐之不足。查本岛战前年需食盐仅十万至十八万吨，则尚有二十至三十万吨，足以输出国外也。今后并应亟谋本岛开发所需，如苛性钠、人造丝、玻璃、漂粉及其他物质之输入，俾收有无相通之效。

二　硫酸钙（年约生产十六万担）

硫酸钙为制造水泥（Cement）之主要原料，可运往台湾水泥公司及海防水泥公司销售，尔外，窑业用模型及工艺品之制造上，抑亦不可或缺者也。

三　硫酸镁（年约生产二十万担）

可以简单精制之法制造之，以供岛内制药之用。内陆及安南方面之销路亦广，或待水力发电，及开办空中氮气固定工业时，以供肥料制造之需。

四　氯化镁（年约生产四十八万担）

随飞机制造及其他轻金属工业之发达，而金属镁（Magnesium）之用途益广，氯化镁即其最重要者。本岛虽尚无此种原料之制造工厂，而日本此种原料，需要颇感迫切，如将全部氯化镁，暂向日本输出，以资交换物资，抑亦临时之对策也。

五　氯化钾（年约生产十九万担）

氯化钾为钾质肥料之贵重原料，本岛需量甚巨，且为制造炸药、医疗药品，及工业药品，及粗制钾、沙金石（Carnallite）药剂等之重要原料，岛内应设立若干制药厂以利用之。

六　溴

我国航空事业，日渐发展，其飞机燃料所必需之溴素消费量，亦将随之激增，此种重要国防资源，本岛莺歌海盐田，实其最大供应地也。又溴素并可供若干贵重之医疗药品及摄影材料之重要原料之需，若供本岛制药，或向国外输出，均属有利。

其四　盐之利用工业后其附带化学工业

盐之利用工业中，其范围最大者，厥为苛性钠工业，其硫酸及盐酸制造，均为化学工业之基础。钠制品中之苛性钠，为用颇广，可供人造丝（Staple fibre）及纸类、棉线布、肥皂、火油、植物油脂等之精制，及医疗药品、工业药品、食品加工暨其他日常生活必需品等制造之用，将来本岛轻工业发达时，其需要量，当更激增也。

惟本岛工业尚极幼稚，故钠类之需要，亦复不多，重以本岛尚无苛性钠工业之基础，故当大战期间，以供应断绝，军事上遂致发生不少困难。嗣后苛性钠工业企业之促进，实为必要。然苛性钠之制造，不惟必需特殊之技术，及巨额之建筑材料已也，成本低廉之电力供应，尤为必要。据目下情形，本岛水力发电事业，尚未完备，故欲办理大规模之企业，实非易易，迨将来水力发电事业益趋发展，得以廉价供给电力时，便可利用莺歌海所产之质良价廉，且复量夥之盐，以经营大规模之苛性钠工业矣。并同时从事于漂粉之制造，及氯气与氢气等附带工业，暨盐田苦液之利用工业之经营。综合化学工业，果能同时经营，则莺歌海附近圈内，将成为一大工业地带矣。其发展之速，可预卜也。设能利用目下剩余电力，就现有产盐中，提出一万五千吨以从事于苛性钠工业之开始经营，则不惟足应一时之需，且可为苛性钠工业树一始基，而以促其勃兴也。兹将可能利用既有水力电气事业之剩余电力，急切间可能从事于苛性钠之制造，其工厂规模及所需设备之大要列之如下：

苛性钠工场计划概要	
一年间苛性钠之制造量	七、五〇〇吨
一年间漂白粉之制造量	一五、〇〇〇吨
使用电力量	四、〇〇〇吨
使用盐量	一五、〇〇〇吨
使用用煤量	一二、七五〇吨
使用石灰量	一〇、五〇〇吨

内部设备计（苛性钠之制造设备）

一　电解工场

1. 电解槽	三〇〇槽
2. 三合土底座	一套
3. 三合土床及排液沟	一套
4. 电槽间铜带及配件	一套
5. 盐水运输铁管	一套
6. 苛性钠铸铁输送管	一套
7. 氯铅及釉陶输送管	一套
8. 氢铁质输送管	一套
9. 氯气用排风机（搪铅或内部磁制）	四五部
10. 氢气输送配风机（铸铁管）	四五部
11. 苛性钠贮存槽（铸铁制）	一五槽
12. 苛性钠输送唧筒（pump）	二四架

续表

13. 电解室三合土	一套
14. 氯气脱水装置（铁质搪铅或磁质）	一五部
15. 氯气压缩唧筒（内部磁制特殊构造）	六部
16. 上列各设备之配件及装设工程	一套

二　变压所

1. 变压装置（交流→直流）	四架
2. 铜带	一套
3. 动力变压所	一套
4. 室内配电线	一套
5. 上列各设备配件及装设工程	一套

三　盐水工场

1. 食盐溶解槽（附五匹马力马达搅拌机）	八槽
2. 沉淀槽（三合土造）	八槽
3. 高架盐水槽（铁制或钢骨三合土造）	十四槽
4. 贮存槽	四槽
5. 盐水配给管（铸铁制）	一套
6. 输送盐水唧筒（耐盐质）	四五架
7. 给水管排水管	一套
8. 上列诸设备装置配件	一套

四　苛性钠浓缩工场

1. 苛性钠浓缩装置（铸铁锅及炉）	三〇架
2. 稀薄苛性钠贮存槽	八槽
3. 冷却槽（软钢制）	二〇槽

续表

4. 浓苛性钠贮存槽（铸铁制）	二〇槽
5. 分离盐贮存槽（钢骨三合土造）	一〇槽
6. 离心分离机（附五匹马力马达）	二〇架
7. 分离液贮存槽（砖砌涂灰汁）	四槽
8. 苛性钠输送管	一套
9. 苛性钠输送唧筒（附五匹马力马达一部）	五架
10. 溶解苛性钠掬出装置	一套
11. 苛性钠衡量计	六个
12. 自动添煤机	三〇部
13. 自动测温计	三〇个
14. 上列设备装置用配件	一套

五　建筑工厂房屋

1. 电解工厂	四、五〇〇平方公尺
2. 盐水工厂	三、六〇〇平方公尺
3. 浓缩工厂	三、三〇〇平方公尺
4. 变电所	七五〇平方公尺
5. 晒粉工厂	六、〇〇〇平方公尺
6. 石灰工厂	一、五〇〇平方公尺
7. 附属房屋	四、〇〇〇平方公尺（包括仓库）
8. 事务所	六〇〇平方公尺
9. 居住房屋	三、八〇〇平方公尺（职员八五人）
10. 工人房屋	六〇〇平方公尺（工人百名）

六　其他建筑物

1. 漂粉制造室	九〇间
2. 石灰撒布装置	九〇副

续表

3. 石灰装入管及排气管	一套
4. 排气中脱氯装置	一套
5. 漂粉取出装置	九〇副
6. 二十公吨石灰炉（火砖砌）	一五具
7. 电力升降机	一五架
8. 基础工程	一套
9. 上列各设备配件及装置工程	一套
10. 蓄水池（包括沉淀池，过滤池）	一套

七　其他之附带化学工业

1. 苛性钠关系者　如肥皂工业、甘油工业、制纸工业、纸浆制造、人造丝制造、Cellophane 制造、淀粉制造、染料制造、摄影用药剂制造，以及其他钠盐类之医疗药品之制造等。

2. 氯气关系者　锡、铜之精炼氯水"克罗尔比克林"（Chlopicrine）等杀虫剂及杀菌剂之制造，四氯化碳及其他消化剂之制造，耐火纤维之制造，烟幕掷弹等化学兵器之制造，以及有机无机盐类之氯诱导体之制造等。

3. 氢气利用关系者　氨之合成，肥料之制造，盐酸之合成，硬化油制造，还原冶金，硫化氢，以及其他有机无机之氢化合物诱导体之制造等。

4. 其他　由电力发生之金属电解精炼，镀金工业，金属镁制造，由电弧氧化之空中氮固定硝酸盐类之制造等。

上述各种化学工业，皆有连系关系，均可合并数种经营之。若由苛性纳工业为之发轫，而渐及于分业之经营，盖尤计之得者矣。

其五　工业实施之要素

在新式盐田建设工程中，包括海水导入设施工程，外堤建筑工程，河流改造工程，蓄水池建筑工程，盐田内部整理工程，产盐搬运设备工程，苦液取集及输送设备工程，苦液利用工场，及其附带设备工程，事务所、仓库宿舍、盐夫宿舍等之建筑工程，医药设备及福利设备等在内。如此规模宏大之事业，如欲同时着手，事实上似不可能，应分别缓急，先后着手，并与资材、资金、技术人员、劳工等项相为配合。将海水导入设施加以改造，蓄水池，盐田堤防，及其必要建筑，先行着手，待其工竣，再行从事于盐田内部整理工程之进行。该项工程，可于六年内分别施行，第二年始，可就完工部分，开始制盐，俾得增加收入。尔后一面建设，一面制盐，以迄全部完成。

兹将各项工程施行时所需主要人力及其资材数量如下

年次别	第一年	第二年	第三年	第四年	第五年	第六年	合计
盐田开设面积（公顷）	五〇〇	七〇〇	六〇〇	六〇〇	五〇〇	五〇〇	三、四〇〇
技术员（人）	二五	三〇	三八	三六	三五	三二	
劳工（人）	三、五〇〇	四、〇〇〇	四、二〇〇	四、六〇〇	五、一〇〇	五、四〇〇	

附注：一、技术员为土木建筑、机械电气、化学、制盐等各项专门技术人员；二、劳工人数内约7%系属各项技工。

主要资材如下：

水泥	二、六五〇吨	木材	二、五〇〇立方公尺	钢材	六〇吨
钢材	二、四八〇吨	枕木	一五〇、〇〇〇根	机械类	一三〇吨
铁管	一、三〇〇吨	砖瓦	三、〇〇〇、〇〇〇块	机油	六〇〇加仑
钢轨	一、四五〇吨	柴油	三、〇〇〇、〇〇〇加仑①	火油	三〇〇加仑

其他铝（Aluminium）、锡、水银、特种钢、铁丝、钉、白铁、马口铁、石棉、石灰、绳索、修缮工具等，亦属重要资材，其数量应俟计划决定后，始能确定。以上所列，即由开始起，至第三年度内所需之约数是也。

其六　所需资金

以本岛物价高涨，工价递增，且变动甚烈，故工资极难预定，各项工程预算，诚亦不易准确估计也。当日人占领时期，以物价劳力，均较安定，且其资材均由日本输入，尚无何等困难，嗣后惟有依照时价，详为估计而已。

第四节　结论

关于既设盐田之开辟，以及新式盐田之建设，略如上述。本岛盐业，不惟为首屈一指之有望产业，抑且可作充裕国库之财源观也。果能详加检讨，排除万难，以实行之，则其进展，匪特本岛繁荣所系已也。

---

① "加仑"，当时常用容积单位，1 加仑 =4.54609 升。——编者

第六章　工业计划

第一节　农业机械及其制造修缮

　　本岛一般民众，对于工业需求，并不迫切，故素无专业铁工业之足云，仅有农具、钉及以修理简单机器为目的之小规模家庭工业而已。海口之前福大公司、旗山商会及榆林之前台拓榆林铁工所，即其类也。盖铁工业，以产业发达，而其机械化工程，益趋复杂，故其产业机械之需要及修缮工作，亦将日臻发达，而机械工业及铁工业，便告成立矣。

　　以现在本岛产业幼稚，故仅将现有铁工业，及其附属铁工厂设法应用，已足应付，今后随其自给经济之发展，渐图扩充可矣。至简单机器之修缮，及农具、钉等之制造，简单机构即可应付。嗣后当不难扩充，或予新设也。

　　本岛农业机械需要最多，其中以农具构造，极为简单，万宁、嘉积之普通铁店，已足供应。至若改良锹、脱谷机等改良农具之制作，则必须与农业技术之改善并行，海口福大公司足敷供给。所需材料即为铁板、圆铁条、铸铁、熔接棒、焦炭（Coke）、煤炭、木材等是也。兹将本岛农具制造能力，及所需资材数量列表如下：

品　名	数　量
平锄	二〇、〇〇〇把
特种锄	二、〇〇〇把
特种四叉	五、〇〇〇把
碎土犁	三、〇〇〇把
铊	五、〇〇〇把

上述制数量所需资材：

资材名称	标　准	数　量
铁板	4尺×8尺×3/16分	一〇〇张
铁板	4尺×8尺×1/8分	二〇张
铁板	3尺×18尺3/8分	四〇〇张
平钢	2尺×18尺1/4分	七〇〇张
圆铁	2分×18尺	五〇条
碳钢	3/4分×18尺	三〇〇条
铸铁		二〇吨
熔接棒	4m/m	一五、〇〇〇根
煤		二五〇吨
焦煤		三五吨
木材	原木	五〇、〇〇〇条

第二节　造船工业

　　本岛主要产物之盐及矿石之输出，暨各项开发所需物资之输入，均需庞大吨数之船只，约计每年至少共需二百万吨，现时所有尚未及百分之一也。故运输方面，非仰赖外国船舶不可。然由国防上言之，则举凡兵力、兵器以及岛内生活必需之物资，其由广州湾、雷州半岛、安南等附近各地输入者，固不能专恃外国轮船，负其责任，理至明也。除应即利用已有造船工厂，尽量运用发挥全力外，并应另设造船所，迅速制造小型船只，以资应付。现在榆林尚有前大日造船所，设备共有船台三座，每年可造船六艘。下列计划足资树立也。本岛北部，可择适当地点，增设造船所，以便船只修缮之需。

其一　造船计划

船型及其各类	一五〇吨型，木造机帆船
机器种类	内燃机二百匹马力发动机
造船艘数	每年六艘
所需原料	造船用木材一二〇、〇〇〇石　铁材九吨
附属品	锚、锚锁、起锚机、起卸机、船灯等

一　所需资材

1. **造船材**　造船用木材，本岛各处均可采取，其种类及产地如下：

　　楮——清澜　　　　　　荔枝树——琼山县永兴山

　　红罗——清澜　　　　　龙眼树——清澜

　　松——那大内部松涛　　木棉树——清澜

　　苦楝——琼山县三江　　三角枫——清澜

2. **机械**　现有工厂设备尚感不敷应用，应向上海、广州各处定制。

3. **铁材**　所需铁材，即船钉及螺丝钉等，于本岛前福大公司，及旗山商会之小工厂内，均可制造。

4. **附属品**　锚、锚锁、起锚机、起卸机、船灯等，在本岛工厂不能制作者，应向外地购入。绳索类（麻绳、椰子绳、竹绳等）可在岛内制造。

二　其他所应注意事项

1. 燃料　若本计划内之六艘船只建造完成时，其航运上所需燃料，每年至少需柴油一、六〇〇吨，则如此大量柴油供应问题，亦应早为筹措。

2. 船员　与造船事业，同其重要，而不可或忽者，船员之养成是也。因航行技术不佳，而致损失宝贵之生命，及巨额之钱财者，诚不可以数计。故应随造船事业之发展，优秀之技术船员之养成，实亦不容或缓者也。

其二　造船所之新建计划

建设地址：清澜

场地面积：二三〇公亩（二・三公顷）

完成期间：二年

第一年：完成整地及主要房屋之建筑工程

第二年：完成主要机器之装置及准备工作

工作人员：三〇〇名

　　职员：二〇名　　　木工：五〇名

　　机工：三〇名　　　劳工：二〇〇名

主要设备

设备名称	数　目	面积（公亩[①]）	备　考
船台	三座		二五〇吨级之上架设备
职员宿舍	一座	1.32	木造
机工宿舍	二座	一・九五	木造

---

①　1公亩=100平方米。——编者

续表

设备名称	数目	面积（公亩①）	备考
木工宿舍	二座	三·三	同上
劳工宿舍	一〇座	一三·二	同上
事务所	一座	一·〇	同上
动力室	一座	一·〇	敷盖白铁顶（亚铅）
打铁场	一座	〇·三	同上
铁工厂	一座	三·三	同上
铸造场	一座	一·六	同上
木工室	一座	四·〇	同上
原图室	一座	一	敷盖白铁顶
仓库	二座	三·三	同上

主要器具

器具名称	数目	备考
制材机	二部	五匹马力者一部，十匹马力者一部
车床	三部	平型一部，圆球型一部，其他一部
送风机	一个	
起重机	一座	附有六〇匹马力之发动机

第三节　窑业

其一　水泥工业之现状

一　浅野水泥公司

1. 实施计划　民国三十二年八月，日人于三亚附近抱坡岭上，设立该厂，利用该处石灰石，以制造水泥，月产烧块三、

○○○吨。在榆林市郊荔枝沟之环岛公路北部，着手建设，其面积达六七公顷。

2. 烧炭制造设备　该项设备，完成于民国三十三年十二月，月产烧块一、二〇〇吨，嗣因原料击碎机旋转装置损坏，仅能月产烧块一、二〇〇吨而已。胜利接收前，无煤，遂告停顿。

3. 代用及低级水泥之制造设备　以木炭为燃料之代用水泥，及低级水泥之制造设备，现时仅有月产一〇〇吨之能力，用供建筑基础及压力不大之基础工程之需。

4. 设备概况　轻便铁轨由抱披岭至工厂，全长约二公里，轨间二尺，机车一辆。

石灰窑二座；"普列特"机一座；旋转窑一座。

二　日本制铁海南岛工业所

1. 该所设于榆林外港，以细碎烧块制造水泥者也。具有月产三、○○○吨之能力。业经制成水泥三、三八二吨。

2. 设备：粉碎机一部，磨矿机（Chube mill）一部。

附属发电机（一、〇〇〇瓩）二部。

蒸气"透平"机二部，汽罐二部。

其二　砖瓦工业

1. 海南岛炼瓦制造所　日人在榆林市外，曾有以煤为燃料之砖瓦厂之设置，具有砖窑二座，月产一二〇万块。

2. 台拓炼瓦工厂　设于榆林市，具有月产三十五万块之能力，燃料以薪柴为主。

3. 岛田公司炼瓦工厂　设于海口市郊外，以薪柴为燃料，具有月产十五万块之能力。

4. 其他　在八所、宝桥等处,日本日窒公司各有砖厂之设置。

其三　扩充设备及生产计划

欲谋本岛窑业之发展,首须解决燃料(煤)之供应,此项燃料,安南及台湾方面,均有丰富产量。其如何获致,实本岛窑业兴替之所系也。开发本岛所最需要之水泥及砖瓦两项,务须积极实行增产,以应急需,惟水泥生产费用,不免稍贵耳。

一　浅野水泥生产设备扩大计划

前浅野洋灰公司所有生产设备,应按照预定计划积极扩充,俾便达到月产三、〇〇〇吨烧块之目标。兹将其所需新设或移置之主要机器种类,名列如下:

粉碎原料用磨矿机(Ball Mill)粉碎能力每日一〇〇吨	一部
旋转窑(内径二公尺,长六〇公尺)	一座
微粉炭制造机	一部
其他附属物品	一套

二　水泥及砖瓦生产计划

工场别	种别	年产数量(吨)	所需资材	备　考
浅野洋灰公司	烧块	三六、〇〇〇	年需煤七、二〇〇吨	烧块一吨需煤二〇〇公斤
日本制铁所	水泥	三六、〇〇〇		煤包含于田独矿山之内
合计	水泥	三六、〇〇〇		
海南炼瓦工厂	砖	一、四四〇万块	年需煤三、六〇〇吨	

续表

工场别	种别	年产数量（吨）	所需资材	备考
台拓炼瓦工厂	砖	四二〇万块	年需煤三、六〇〇吨	
岛田合资炼瓦工厂	砖	一八〇万块		
合计		二、〇四〇万块		

第四节　轻工业

其一　绪言

本岛生产事业之重点，在乎铁矿，及其他重要国防资源之开发固矣。然各种开发事业之进行，必需大量资材，以为之辅。当日人占领时期，以战局演变，海上运输日益困难。故各种资材之输入，亦复日感不易矣。其开发所需，而本岛不克迅速生产者，则惟仰给华中、华南及安南各地输入；其为日常生活所需，而本岛不难生产者，则务以自给为原则。嗣后本岛衣料及各种纸料、油脂制品、药物、火柴、烟草等各项生活必需用品，仍以就地自给为尚。所有各项轻工业品之生产，允宜及早计划，以利实施，其属本岛开发上绝对必需者，尤应勿计损益，努力以赴，促其必成。不然，其与开发无关重要之奢侈品，虽属有利，亦当设法限制，以节物力。发展本岛轻工业计划，拟从纺织、油脂、制药、火柴、烟草、天蚕丝等各项工业，分别进行。其计划，由经济及国防两大观点，以决定之。其已有基础者，尤应善为利用，继续进行，以期事半功倍，迅奏肤功。

其二　纺织工业

一　纺织事业之现状及其对策

当日人占领时代，曾订有计划，以本岛野生纤维及棉花，为主要原料，纺制织制一贯作业，以谋本岛衣料之自给。其第一期生产计划，拟输入纺机四、五〇〇锭，以谋纺织工业之促进，嗣因故未果，迄今仅有织机六〇部（外有半木织制机，可以运输六架而已），利用输入棉纺及旧棉、棉屑，以供织造而已。在其初期计划，除设置色纺机二、〇〇〇锭外，并有线袜、内衣、渔网、麻袋、索等杂纤维制品之生产，计划将观厥成，而遽告休战，各项计划，遂随之停顿矣。本岛纺织事业之不易发展，厥以机器及棉纱原料输入不易为主因，本岛衣料之自给，允从原料之确保入手。论本岛地理环境，最适于棉作之发育，过去失败，盖由于棉田及品种选择之错误，及害虫防除之不力，栽培技术之不良，指导人员之缺乏。将来如能益加研究，以谋各项问题之解决，则本岛棉作，短时间内，必可成功无疑也。

本岛除棉花而外，尚拥有丰富之纤维资产，故原料确保问题，当不难解决也。其次则为动力问题，以本岛电力，视国内各地得天独厚，今后所需电力，亦当不难迎刃而解也。尔外，水及其他问题，均可顺利解决，故就经济上观点言之：本岛纺织事业，实有无限希望也。其次，就国防观点言之：国内纺织事业，均在华北华中，华南无足观者。故若能于华南地区内，获得补给源地，则有助于我国防力量，诚不可以数计也。综是以观，对于本岛纤维事业中之纺织事业，允宜排除万难，以期早日实现。政府并从而保护奖掖之，其前途当不难蒸蒸日上也。

关于将来具体计划之决定，与棉花之栽培、增植，具有连带关系，可由现有设备，开始复业，徐图扩充发展。如有损失，应由政府予以补贴，以迄发达为止，所谓保护政策是也。

二 纺织工业之发展计划

1. **第一期生产计划** 以纺织一贯作业为目标，以纺机四、五〇〇锭，色纺机二、〇〇〇锭为基础，树立本期之生产计划，其原料、棉花，在本岛增植计划，尚未实现以前，仍须仰给他处棉纱之输入，用以为经，其纬则以本岛所产之杂纤维为之，盖采用混织法以织成者也。

兹根据该项计划，所需设备，及其原料数量表列如下：

（1）设置纺机四、五〇〇锭，其所需主要机器及原料如次：

机　器	部　数	输入地	备　考
混纺机	三部	日本或华中	
梳绵机	四部	同上	
精纺机	一五部	同上	一部为三〇〇锭（一五部为四、五〇〇锭）。
并条机	二部	同上	
粗纺机	三部	同上	
撚丝机	二部	同上	
精炼设备	一套		将麻纤维制成柔软纤维，继以苛性钠煮沸精炼，其所需器具，及其附属设施。

主要原料

原料	数　量	备　考
棉花	二、四二〇、〇〇〇斤	纺机四、五〇〇锭，一年间所需原料，本数量以棉纱制造过程中二五％为标准。
麻纤维	三、三六〇、〇〇〇斤	
苛性钠	一八公斤	

以纺机四、五〇〇锭，所生产之纺纱数量如下：

用棉纱或麻纱四、八〇〇捆每日昼夜工作十八小时，可生产一九二、〇〇〇球。若以四、五〇〇锭之纺机生产之四、八〇〇捆棉纱，其织制时，其所需机器及织制数量如下：

织制所需机器

机　器	部　数	输入地	备　考
力织机	一七八部	日本或华中	每月工作二十八日。一部织制能力每月六〇匹（长三〇码，宽三〇吋）。
整经机	三部	海口	
管卷机	三部	日本或华中	一部应在五〇锭以上。

附注：力织机在前日人开办时，公司内，计有丰田式六〇部（其中竹腰产业公司五二部，及三友殖产公司八部。）并丰木织机三〇部（系竹腰公司所有，惟三〇架中已有二四架不能动作）。

织制数量　一二〇、〇〇〇匹。（每匹所需棉纱量计一六磅，阔三〇吋，长三〇码）。

（2）色纺机二、〇〇〇锭设置所需之机器设备，及所需原料如下：

所需机器设备

机　器	部　数	输入地	备　考
色纺机	一〇部	日本或台湾	每部为二〇锭（共计二、〇〇〇锭）
解棉机	一部	日本或华中	
打棉机	一部	同上	
反毛机	二部	日本或华中	
旋切机	一部	同上	

所需原料　旧棉或纤维屑、破布屑等五七〇吨。

以色纺机生产之色纺纱数量为一六〇、〇〇〇磅,由色丝一六〇、〇〇〇磅所织成之布计八、〇〇〇匹(阔三〇吋,长三〇码)。

2. 第二期生产计划 第二期生产计划,应与本岛棉花栽植计划之推进情形相参照,以谋扩充设备,而与原料之生产数量相吻合。同时复利用所产杂纤维,以谋渔网、纸及各种网索、麻袋等之生产。至于本计划实施时,所有设备规模之大小,及其实施上各种问题之解决,应依照国内,及本岛各种纤维类之需要量定之。

迨第三期以后,本事业之新设及扩充计划,应视第二期计划进展情形而决定。鉴于本岛纺织工业之切要,惟有切实计划,以期积极推行,俾于我国衣料对策,尽其一臂之助,不胜馨香祝之!

其三　制纸工业

一　制纸工业之现状

本岛之制纸工业,仅有一种,即普通祀神所用之黄色纸,出于岛民之手,盖仅为家庭工业方式之生产而已。其他纸料,均由广东及广州湾输入。惟本岛制纸资源,甚为丰富,日人在占领时代,曾以自给自足为目标,于民国三十二年在琼山设立海南制纸公司,从事制纸,以应急需。胜利后,曾由经济、军政两部先后接收,继续开工,后由敌伪产业处理局标价出售,其设备如下:

三〇吋圆网造纸机	一部	煮原料锅	六个
四三吋圆网造纸机	一部	其他修理用设备机器	一套
叩解机(三〇〇磅三部) 　　　　(二〇〇磅二部)	五部	手滤用具	一套
锅炉(五尺×二四尺)	一个	手滤干燥器	九架
发电机(合计一四四马力)	一二部		

按照上列设备其生产成绩如下：

生产品种	每月生产估计量	单位	生产成绩（民国三十四年）				备考
			四月	五月	六月	七月	
报纸	五〇〇	令					
香烟纸	五、〇〇〇	卷	三八〇	四一〇	四〇〇	三二〇	
杂用纸	三、〇〇〇	缔	三、〇〇〇	三、六〇〇	三、二〇〇	二、七〇〇	
日本纸		张	八一	三三六	九九	一三七	
有光纸		令	一、一〇〇	四、七三九	一二、〇二五	二二、〇〇〇	
			六二	二一五	一八八	一四二	

制纸原料用纤维资源，遍于全岛，可利用各种竹类，及芦苇、稻草等，以为主要原料。至嘉积、万宁、陵水、藤桥等处，所产之乌仔麻、白闶麻、赤麻等，亦为重要原料。其所需原料量，应为制品数量之三或四倍，如能恢复交通，则其需量，不难确保也。至本岛所产竹类，共有七属三十种，现时利用者，以大白竹、青皮竹、麻竹、土城竹、东仔竹、小白竹、破竹、罗目竹、蔓竹等居多。

二　制纸工业之发展

本岛制纸工业计划，其目的，除先谋本岛之自给自足外，复应注意各地之输出，惟据现状而言，过于庞大之计划，恐未易见诸实施，应先就现有设备，以谋能力之高度发挥，然后增加设备，扩充实力，徐图发展。查本岛每年需用之各种纸类数量，至少约需二、三〇〇吨，列表如次：

种类	所需数量		种类别之百分比	备考
	磅	吨		
洋纸	一、七〇六、九六〇	七七四·一	三四·五%	
日本纸	三八三、二〇〇	一七三·八	七·六%	
米纸	一八四、〇〇〇	八三·四	三·八%	
板纸（马粪纸）	一、六二八、六〇〇	七三八·六	三二·一%	
其他土产纸	一、一〇二、〇〇〇	五〇〇·〇	二二·〇%	
合计	五、〇〇四、七六〇	二、二六九·九	一〇〇·〇%	

查现有设备，其生产能力，每日虽可达到二吨，然以各种关系其产量每日以一·五吨为最少，若以每年工作百日计，则最多仅能生产四五〇吨，仅及上列需要量之二成而已，不足之一、八〇〇吨，究应如何补充？曰：除增产外，无他道也。今将生产计划分为三期述之如次：

1. 第一期生产计划　若以现时设施，夜以继日，从事工作，虽有日产三吨半之能力，惟按实际生产能力，仅达四分之一至五分之一程度而已。故第一期生产计划，旨在尽量发挥其原有设施之生产力，俾达最高限度，惟同时所应解决者，厥为电力与燃料之供应问题，及主要燃料纤维类之采集及运输等问题。倘以上各问题不克迎刃而解决，则第一次计划之实施，便将遭遇莫大困难也。

2. 第二期生产计划　第一期生产计划完成后，并从事于制纸附带事业中"纸板"或"板纸"之制造。"纸板"乃普通建筑所使用者，其主要原料，以制纸、之纸、浆屑及蔗渣、布屑、碎棉等为之，本岛糖业发达时，其蔗渣之利用，实原料之最适用者，兹以日产二五〇吨为目标之机器设施，概述如次：

造纸机（四〇英吋）	一部
拌匀机（容积五〇〇磅）	一部
干燥室（阔十二尺进内七十二尺）	一座

本岛现有生产设备，尚不足以负报纸需量七三九吨生产之责，为产需配合计，应即扩充设备，俾得日产二吨，以应急需。其原料之处理，不若日本纸、洋纸之需漂白精选手续者然，原料品质，虽极低劣者，亦无不可。稻藁香水茅、椰子茎干等废物，均堪适用，其制法与工程，亦不复杂，工场之设施，为蒸煮罐、造纸机、锅炉、发电机等，与制纸机器，大致相若。

3. 第三期生产计划 第三期计划，以本岛各种纸类之自给为目的而设施者也。除现有设备外，复须扩充设备，俾达日产四吨之目的，其机器之须增设者如下：

造纸机	（六〇英吋长网式）	一部
拌匀机	容积五〇〇磅三部，三〇〇磅二部	五部
回转地球锅		三只
锅炉		一个
发电机		计二五〇马力
其他车床及修理机械之附属器具等		一套

以上各种设备完成后，本岛所需之各种纸类，便可自给矣。

参考：用长网式造纸机制纸者，其原料本以针叶树中之松、杉等木材为主，惟该项木材以其产地及制纸原料之性质，尚未经充分之调查，故当本计划实施之前，即第二期生产计划开始之时，所有该项问题应有详加调查研究之必要。

尔外制纸事业，所不可或缺之苛性钠，在日人占领时期，本由日本输入，而该项原料不仅限于制纸，即纺织、油脂工业等亦属不可缺者，故亦应设法，以应急需。

其四　油脂工业

一　油脂工业之现状

本岛各项油脂之生产数量，及其分布状况，业经另章论列，兹不复赘，诸凡猪、牛等动物油脂，以及椰子、花生、海棠、胡麻等植物油脂，率有丰富产量，今后若能从事增产，则本岛油脂工业，自有其光明前途也。即以椰子油而论，实我国唯一供应地也。诚有刻意经营，亟图增产之必要在矣。

查油脂类，除用供食用而外，更可供肥皂、蜡烛等工业之主要原料，及柴油及机油代用品之用，对于国防工业，实占相当重要位置。本岛油脂工业，以仅属家庭手工业之一种，故产量极微，当日人占领时期，因苛性钠及石蜡输入，一时告绝，深感困难，所幸其主要原料之牛油、椰油及蜂蜡等，本岛产量颇富，由其油脂株式会社，本其历年研究及其经验，从事生产，终以苛性钠（制造肥皂主要原料）不克由日输入，遂与制纸纤维等各种工业，所需药品，输入困难，同受影响，而鲜成效。蜡烛制造所需之石蜡，亦以来源杜绝，代以蜂蜡，品质遂亦不免稍逊，而为一般所不满矣。

其工作所需之设备及其数量，略如次表：

机器名称	数量	备考
肥皂切断机	二部	
肥皂蒸锅	三个	
蜡烛模型	一、五〇〇个	
肥皂模型机	二部	
肥皂凝固机	一〇部	铁制
蜡烛制造用熔锅	二个	
蜡烛制造用冷却器	一个	

所需材料表

材料名称	单位	数量	备考
椰子油	斤	二八五、〇〇〇	制造二两半装之香皂及五两装之普通皂各一百万块
苛性钠	公斤	三四、二〇〇	同上
牛油	斤	六一、四八八	以月产五千打蜡烛为目标一年间所需原料量
蜂蜡	斤	一、六五六	同上
石蜡	斤	二五、二〇〇	同上

二 油脂工业之发展计划

若苛性钠及石蜡，不难输入，而油脂亦能照常顺利获得时，则以上项设备，制造肥皂及蜡烛，当不难自给自足也。

其五 制药工业

一 制药工业之现状

本岛所产药草，概系中药原料，以本岛向无中药工业，故即将原料运至广州、香港等地。当日人占领时代，为谋运用草药丰富资源,而资安定民生起见,当于民国三十二年在琼山设立东亚制药厂,以从事于药品之制造。中药之制造,除必要之技术外,初无需繁复之设备也。现有设备,足敷本岛所需矣。所有设备,约如下表:

机器名称	数量	备　考
旋转式锭剂机	二部	
杵臼式捣碎机	五部	或准备八部以备事业之扩充
制丸机	二部	如需制造瑞宝丹等类之丸药则应增设为三部
药丸制炼机	一部	
软膏制炼机	一部	尚未运到
粉末混合机	一部	
单手式剉切机	一部	
双手式剉①切机	一部	
动力箱筛器	五部	
旋转式圆筒筛	一部	
研碎机	一部	
附有唧筒之压缩过滤机	一部	
挥发精细蒸馏机	一部	
火力干燥机	二部	
真空低温干燥机	一部	尚未运到
蒸气杀菌机	一部	
糖衣机	一部	尚未运到
装饰机	一部	
搅拌机	一部	尚未运到
单式锭剂机	五部	

---

① 原文误作"挫",今改正。——编者

所需原料数量表（一年间）

材料名称	单位	数量	输入来源	备考
大茴香	斤	三二〇	本岛	
陈皮	斤	一六〇	本岛	
延命草	斤	八〇〇	日本	
山道年	公斤	三〇	日本	
拉去那托尔	公斤	六〇	日本	
阿绥托阿尼夫笃	公斤	四〇〇	日本	
安息香酸钠咖啡精	公斤	一七〇	日本	急性血管麻痹，狭心症及头痛用。
夫奇破宁	公斤	二五〇	日本	
马铃薯淀粉	公斤	一、〇七〇	日本	
阿司匹灵	公斤	五〇〇	日本	
樟脑	公斤	七〇〇	日本	
蜂蜡	斤	一、六〇〇	本岛	
花生油	公斤	四、〇〇〇	本岛	
甘草	公斤	一、四〇〇	中国内陆	
阿仙草	斤	九六〇	中国内陆	
仁爱木	公斤	五五五	日本	
龙脑	公斤	四〇	日本	
米淀粉	斤	四八〇	本岛	
抱水磷酸可特因	公斤	五〇	日本	镇咳、镇痛用。
麻黄散	公斤	二五〇	日本	心机能不全，血管麻痹及喘息用。
碳酸镁	公斤	二三〇	日本	制酸缓泻剂。

续表

材料名称	单位	数量	输入来源	备考
人参	斤	三二	日本	
沉香	斤	三二	中国内陆	
槟榔子	斤	一六〇	本岛	
藿香	斤	一六〇	本岛	
咖啡精	公斤	一四〇	日本	
煅制镁	公斤	一〇〇	日本	制酸缓泻剂
磺醯铵阿明（Solfamin）	公斤	七二〇	日本	炎症用
墨鱼骨	公斤	五〇〇	本岛	
阿米诺比林（Amynopirin）	公斤	一五〇	日本	即辟拉密顿，解热镇痛用
生姜	斤	一、三二八	本岛	
草仁	斤	五六〇	本岛	
益智	斤	八四八	本岛	
良姜	斤	六八八	本岛	
重碳酸钠	公斤	七六〇	日本	
桂皮	斤	四四八	本岛	
薄荷水	斤	五四四	日本	
木薯淀粉	斤	九六	本岛	
五倍子	斤	一、一二〇	本岛	
罂粟壳	斤	八〇〇	本岛	
B模型机	令	三〇四		盒装包裹用
白波尔纸	磅	一、〇〇〇		包装用
药罐	个	六〇〇、〇〇〇		装载软膏用

续表

材料名称	单位	数　　量	输入来源	备　　考
药瓶	个	二四〇、〇〇〇		
布袋	只	一一一、〇〇〇		煎剂用
包药纸	令	四五〇		包药及封缄用纸

生产数量表（一年间）

品　　名	主　　治	包装标准	预计生产量	实际生产量	备考
腹痛锭	腹痛，胃弱	八锭包装	一、〇〇〇、〇〇〇剂	一五〇、〇〇〇剂	
胃肠锭	下痢，腹痛	八锭包装	一、〇〇〇、〇〇〇剂	一〇〇、〇〇〇剂	
瑞宝明丹	外敷剂	四公分罐装	五〇〇、〇〇〇罐	三〇〇、〇〇〇罐	
瑞宝丹	内服剂	一·五公分包装	一、五〇〇、〇〇〇剂	四〇〇、〇〇〇剂	
安其心	止咳，化痰	一公分装	五〇〇、〇〇〇剂	五〇、〇〇〇剂	
神效散	清热，化痰	一公分装	一、〇〇〇、〇〇〇剂	一〇〇、〇〇〇剂	
清朗	牙痛，头痛	一公分装	一、〇〇〇、〇〇〇剂	五〇、〇〇〇剂	
阿米诺格尔	化脓	二十锭盒装	二〇〇、〇〇〇盒	三〇〇、〇〇〇盒	
辟拉密顿（Pyramidon）	清热，止痛	八锭盒装	五〇、〇〇〇盒	五〇、〇〇〇盒	
清肤散	皮肤发炎	一公分装	五〇〇、〇〇〇包	三〇、〇〇〇包	
实母散	妇科疾病	十三公分装	一、〇〇〇、〇〇〇包	——	

续表

品　　名	主　　治	包装标准	预计生产量	实际生产量	备考
下虫剂	除蛔虫	一·二公分装	五〇〇、〇〇〇包	——	
点眼水	眼疾	四十公分装	五〇〇、〇〇〇支	——	
薄荷水	清暑解热	四十公分装	——	一〇、〇〇〇支	

所需工作人员　兹将该会社原有工作人员数目列下，以备参考：

成立时	日人八名	台湾人四名	劳工九五名（男一五名；女八〇名）
停战时	日人七名	台湾人四名	劳工五五名（男一〇名；女四五名）

二　制药工业将来计划

以往制药所用原料，概由日本或台湾输入，此后如能治安良好，交通恢复，则本岛原料，不惟得以充分利用，且内陆方面，亦得源源输入，所需原料，足敷应用也。运用现有设备，以从事于药品之制造，不惟绝无不便之处，且其生产能力，可以增加二倍以上，若增置制丸机后，则各项制品，除供给本岛应用外，尚可向内陆输出也。畴昔日人曾有将动物（猪牛）内脏，试制各种健身补品之计划，惜未成功而遽告中止，若能继续研究，以期有成，抑亦本岛医疗卫生上一大贡献也。

其六　火柴工业

一　火柴工业之现状

本岛火柴工业，以民国三十二年八月间海口日商下津火柴会社之经营为滥觞，当时以年产一、五〇〇吨为目标，各项机器，大致完备，由经济部接收后，即行停顿，去年由粤桂闽区敌伪产业处理局海南岛办公处标价出售。该厂开工除必需器具及药物等须由他处采购外，所需木材，则可就地取材，惟当经营之始，其生产成绩，仅及原定计划四分之一，年产三五〇吨左右而已！生产不足之因，约有数端：

1. 火柴工业，为气候所支配，而本岛湿度特重，且历悠久雨季，故对于必需干燥之火柴工业，殊非所宜。

2. 所需木材除就地取用外，别无良策，虽曾努力从事于适当木材之搜集，终以治安欠靖，及航运不便，每感时断时续供应不继之苦。

二 火柴工业之发展

由国防及其他见地上言之，本岛火柴工业，殊有自给自足之必要。即应利用现有设备，予以整理，俾便发挥最高效能，然后再行扩充强调之，并为应付其雨季湿气之障碍计，购置火柴杆热风干燥机，或以药品防制之，或应用涂料混入头药中，终不难制成良品也。

所购木料，向以临高县加来市附近之"黄唐"、"江斧"为多，除集中澄迈由南渡江径运海口外，文昌市附近，亦产良材，可由清澜利用帆船，运至海口。其适于火柴杆用之木材，尚有称"利柴"、"红缟柴"者，惟产量不多，采买困难耳。凡直径七寸以下之木材，利用率较低，损失量较大，不甚适用；其直径在七寸至一尺五寸间者，最为适用。作业上所宜注意问题，略述如次：

1. 应谋电力之充分供应 就现有设备而论，虽有月产一二〇吨之可能，惟以日夜开工为原则，若仅开日工，则只能月产六〇吨耳。目下以海口仅有夜电，故工作时间，又将缩短，实际产量，仅得三十吨而已。

2. 应确保化学药品之供应 俾维工作，而利生产。火柴一百吨所需之化学药品，数量如下：

药品名称	数量（公斤）	药品名称	数量（公斤）
盐酸钾	三五〇	洛阳	二〇
重铬酸钾	一五	赤磷	三五
二氧化锰	八〇	硫磺粉	七五
硫化锑	四〇	蜡	三五
玻璃粉	一二	胶	一五〇

其七 纸烟工业

本岛在抗战以前，原无纸烟之制造，其文化较为进步之市镇，所用纸烟，全内陆输入。当民国三十年顷日人设立南国烟草制造会社于海口，以从事于纸烟之制造，以行销岛内各处，大部所需，均仰给也。当大战期间，内陆及台湾等地，虽已输入中断，而岛中消费，仍得赖以不匮。现全岛吸烟人数，虽无确实统计，约计可在八十万人左右。除都市外，所有农渔村民，皆吸食自制土烟。至海口、琼山、三亚、榆林、嘉积、那大、北黎以及其他文化较高之市镇，卷烟消费，为量颇大。假定吸食纸烟人数，占全部吸烟人数百分之十，平均每人每日以消费十五支计算，则一年间之消费数量，为四亿四千万支，与以往消费量，相近似矣。

嗣后如须继续维持是项工业，可将日人原有工厂内，七部卷烟机，善为运用，就中四部得年产各八千万支，三部年产各六千万支，合计年产五亿支也。如消费量日益增加，更当随时扩充，以资适应。

卷烟用烟叶，以黄色叶为原料，惟此种烟叶，本岛产量极少，虽经日人不惜投资，从事经营，惟其产量，不逮远甚，大部仍须仰给台湾、日本。今后若以年产五亿支为目标，则需原料烟叶八百吨，除一面仍向台湾采购外，并亟应选择适地，奖励增产，俾应急需。

其八　天蚕丝工业

一　天蚕丝工业现状

世界天蚕丝主要产地，首推我国之江西、湖南、广西、广东四省以及本岛。战前每年平均产量，四省合计约一五、〇〇〇斤，本岛约计二〇、〇〇〇斤，故本岛天蚕丝产量，实占世界总产量之七五％以上也。本岛重要产地，计坡尾（澄迈南三十公里）、屯昌（坡尾东南十五公里）、五指山（岭门附近）等三处，就中尤以坡尾产量为最多。其制法，率为原始式家庭手工业。日人占领而后，鉴于该项产业之重要，乃于民国三十二年设立海南天蚕丝株式会社于海口，集合多数技术人员，从事研究制造，以期天蚕丝蚕质之改进，及产量之增加，成绩颇佳。胜利后，由经济部接收后，即行停顿，如能将其设备，设法运用，则对于本岛天蚕丝业前途，当多裨益也。

考天蚕丝除足供钓丝之用外，尚可供制刷子之用。最近人造丝之制法及品质，虽已渐称上乘，惟终不若天蚕丝之优美也。尔往我国产天蚕丝，多以原料向日本输出，加工制造后，以供渔业上用，此种加工，须有特殊技术，日本称之曰"磨加工"，颇称完善。

二　天蚕丝业之发展

本岛天蚕丝业，既属世界重要产地，今后允宜努力增产，以谋此世界特殊产业之发展固矣。惟查本岛现有天蚕丝业，极为原始，其产品亦至粗劣。嗣后应由农林试验场设科研究，并派员实地指导，以图改进，而把握此世界独占之工业，有厚望也。

1. 丝质之改良　本岛天蚕丝之缺点，一如绢丝之有细丝者然，应用良种交配，以谋蚕种改良，其饲料，虽以枫树为主，而究不若樟树之佳，可设圃育苗，或由他处移入苗木，从事造林。日人曾于屯昌，有模范饲育场及工场之设立，以谋指导岛民，及普及发展。如尚未完全破坏，允宜从事修整，早日复业，以便继续推行。

2. 增产计划　战事发生后，本岛天蚕丝，产量激减，盖缘气候不良，治安欠靖，食粮不足之故，遂致天蚕业者，多向农业转业，产量以是激减。嗣后如欲急图增产，应从事于蚕种之改良，及饲料之配给（分配樟苗，以备樟树造林），发育条件之改善（通风浴日），密林之间伐，灌木之整理，饲料场之设置等，盖皆积极增产之对策也。

3. 制丝业之奖励　设立天蚕丝生产合作社，俾从事于蚕种、饲料、药品（醋酸）等之配给，及其产品交易之便利，暨必要资金之贷与，必要日用品之供给，以增进社员之共同福利。

尔外，适当奖励，及补助政策之讲求，及制丝必要性之强调宣传，饲育场附近治安之确保等，亦属必要之图。

要之，由本岛天蚕丝业之特殊性观之，天蚕丝业实为我国产业经济上一政策也，诚有设法予以维护培植，奖励增产之必要。所需技术人员，并应着手训练，以备实地指导。

其附属工业，并可将天蚕丝，与本岛产猪鬃，以为刷子原料，而谋本岛刷子工业之振兴，当不难供本岛之所需也。其机器颇为简单，亦可作家庭手工业观之。

第七章 电气事业计划

第一节 绪言

本岛地势，南亢而北卑，中央则有内河发源之黎母山脉，自东北而走向西南，其最高峰之五指岭，海拔二千公尺。南部之高原地带，概属中央山脉之支派，其内河倾斜，率皆和缓，水力地带，颇不易得，即贯流于起伏之高原山岳间者，亦以平坦地域为多。应就此地带，择定适当地形，设置堰堤，及蓄水池等，与灌溉事业，同时并进，以谋水力发电之利用。本计划乃所以谋热源电力之利用；以平水量以上之水量为基础，利用水量开发水力（利用贮水池），以备电力之经常化者也。

其一 降雨量及内河流量

利用河流，以供水力发电用者，其流域内之雨量及流量，须经长时间之观测，俾知每日每年之变化，是项观测，至少须经数年间之精密调查，始克有所依据，而谋水力经济上之利用。惟本岛此种资料向付阙如，有之，亦惟最近二三年间之雨量观测表（参阅十一章内河雨量参考资料）及昌化大江，宝桥测水所之流量资料而已。兹将本岛水力地点内各内河流域之年中雨量，列记如次：

一、南渡江	一、七〇〇公厘至二、〇〇〇公厘
二、万泉溪	三、〇〇〇公厘
三、昌化大江	一、三〇〇公厘至二、〇〇〇公厘
四、感恩溪	七、〇〇〇公厘
五、望楼溪	一、五〇〇公厘至一、八〇〇公厘
六、藤桥溪	二、〇〇〇公厘

（详见第十一章之内河参考资料雨量表及分布图）

其二 蒸发量

蒸发量，亦无确实之观测纪录，惟据日人在环岛公路沿线二三年间探测所得约计为四公厘云。

其三 流出系数

流出系数，随流域之地质、地势及山野之比例、森林之状态而左右，亦须经长时间之调查，始能确定者也。今依据其他参考资料而计算之。自民国三十年四月一日至三十一年三月三十一日之一年期间，观测所得之宝桥流量与乐安降雨量比较率而计算之，所得系数为六五％。惟该项系数，系因河流而各异致。今后仍须有待继续实地观测也。根据上述原则，就主要内河而作图上设计，则所发电力，计共二十三万四千瓩（kW）。

由水力资源而为供给地区之预定，其计划之拟定如次：

第二节 计划

其一 昌化大江

根据民国三十一年七月，日室海南电业会社之航空摄影一万分之一及五万分之一两种地图以及实地测量调查之结果，拟定如次：

一、目的　以开发矿山为主（包括铁道之电气化，及电气制铁事业），并供给附近照明用电，及一般工业所需要。

二、供给地域　石碌、宝桥、北黎、八所。

三、发电计划　略如下表

发电所名	发电位置	型式	集水面积（平方公里）	蓄水面积（平方公里）	堰堤高度（公尺）	蓄水池有效水量（立方公尺）	最大使用水量（每秒立方公尺）	最大有效落差（公尺）	最大发电力（千瓦）	平时发电力（千瓦）
昌江第一	白沙县叉河	溢流堰堤式	四、五六	八・二	一八・〇	二〇、〇〇〇	一〇・八	一四・〇	一二、〇〇〇	六、八〇〇
昌江第二	乐东县歌枕	溢流堰堤式	三、九〇八	二・八	一九・〇	七、五〇〇	一〇・四	一四、〇〇〇	一一、〇〇〇	六、五〇〇
昌江第三	乐东县东方	溢流堰堤式及水路式	三、四三三	五・二	一二・〇	三、〇〇〇	一〇・一	四七・五	三八、〇〇〇	二四、三〇〇
昌江第四	乐东县江边营	溢流堰堤式	二、九二四	一一・八六	四八・〇	九五〇、〇〇〇	九・八	四二・五	三二、五〇〇	一八、四〇〇

上表所列，第一、第二、第三、第四发电所均系日人于民国三十二年所订五年计划，以谋开发者也。第三发电所，于是年完成，余均中止。

四　五年计划之内容

本计划，仅属于发电设备工程有关事项之调查，至送电及配电设备工程，尚未计及。

1. 所需劳工人数表

发电所名称	位置	民国卅二年度（人）	卅三年度（人）	卅四年度（人）	卅五年度（人）	卅六年度（人）	计（人）	备考
昌江第一	叉河	七五〇、〇〇〇	一五〇、〇〇〇		四五、〇〇〇		九四五、〇〇〇	总人数
昌江第三	东方	一五〇、〇〇〇	一〇〇、〇〇〇		九〇〇、〇〇〇	一五〇、〇〇〇	一、三〇〇、〇〇〇	
昌江第四	江边营		四〇〇、〇〇〇	一、八二〇、〇〇〇	一、八二〇、〇〇〇	四〇〇、〇〇〇	四、四四〇、〇〇〇	
计		九〇〇、〇〇〇	六五〇、〇〇〇	一、八二〇、〇〇〇	二、七六五、〇〇〇	五五〇、〇〇〇	六、六八五、〇〇〇	

2. 所需主要物资表

发电所名称	所在地	品名	单位	民国卅二年度	卅三年度	卅四年度	卅五年度	卅六年度	计
昌江第一发电所	叉河	钢材	公斤	四四五	三九〇	四四六	五〇		一、三五一
		铜	公斤		一七	二三			四〇
		水泥	公斤	二五、〇〇〇			一、〇〇〇		二、五〇〇
		木材	立方尺	九三、二五〇			三、七五〇		九九、〇〇〇
		柴油	公吨	七五〇	八〇		一〇〇		九三〇
		汽油	公吨	一六〇	一〇〇		一五〇		四一〇

续表

发电所名称	所在地	品名	单位	民国卅二年度	卅三年度	卅四年度	卅五年度	卅六年度	计
昌江第三发电所	东方	钢材	公吨	一、一〇八	四五六	七六	一五〇		三、〇八四
		铜	公吨	七三		七六			一四九
		水泥	公吨		三、〇〇〇		三五、〇〇〇		三八、〇〇〇
		木材	立方尺		四五、〇〇〇		二二、五〇〇		一五七、五〇〇
		柴油	公吨	二五	二五〇		四〇〇	一五〇	一、〇五〇
		汽油	公吨	一二〇	三五〇		三五〇	一五〇	九七〇
昌江第四发电所	江边营	钢材	公斤		二、五〇〇	三、八〇〇	一、一四〇	七七〇	八、二五〇
		铜	公斤			一一五		五八	一七二
		水泥	公斤			九〇、〇〇〇	四五、〇〇〇		一三、五〇〇
		木材	立方尺		七五、〇〇〇	三七五、〇〇〇	一五〇、〇〇〇		六〇〇、〇〇
		柴油	公吨			五〇〇	五〇〇	二〇〇	一、二〇〇
		汽油	公吨		二五〇	七〇〇	七〇〇	二五〇	一、九〇〇

3. 所需电力表

发电所名	位置	火水力种别	民国卅二年（瓩度）	卅三年（瓩度）	卅四年（瓩度）	卅五年（瓩度）	卅六年（瓩度）	备考
昌江第一发电所	白沙县叉河	火力	三〇〇	三〇〇				
		水力				一〇〇		
昌江第三发电所	乐东县东方	火力	三〇〇					
		水力			三〇〇	五〇〇	三〇〇	
昌江第四发电所	乐东县江边营	水力		五〇〇	一、五〇〇	一、五〇〇	一、〇〇〇	
计			六〇〇	一、一〇〇	一、五〇〇	二、一〇〇	一、三〇〇	

其二　宁边溪（民国三十一年七月调查）

一、目的　供电灯、一般工业用电及莺歌海盐田之制硷工业等，所需电力之用。

二、供给区域　崖县、三亚榆林、黄流一带。

三、发电及送电计划　略如下表

种目 ＼ 发电所名	宁边第一发电所	宁边第二发电所	备考
位置	比隆洞	好计笃	
型式	溢流堰堤	溢流堰堤	
集水面积	四八三平方公里	二七七平方公里	
蓄水面积	一·九平方公里	九·五平方公里	
堰堤高度	三五公尺	四一公尺	
有效水深	七公尺	一五公尺	
有效蓄水量	一〇、八〇〇、〇〇〇立方公尺	八六、六〇〇、〇〇〇立方公尺	
有效落差	二七公尺	一一〇公尺	

续表

种目 \ 发电所名	宁边第一发电所	宁边第二发电所	备考
使用水量	每秒一二立方公尺	每秒九立方公尺	
理论输出	三、三〇〇瓩	九、六〇〇瓩	
发电力	二、六〇〇瓩	七、六〇〇瓩	
送电线共长	一二五公里	（第一、第二合算）	
送电电压	六、六〇〇伏特（V）	六、六〇〇伏特	

四、工程进度表

名称	民国卅二年度	卅三年度	卅四年度	卅五年度	卅六年度	备考
宁边第一发电所	调查	开工	继续	上半期竣工		
宁边第二发电所					开工	竣工
送电线路		调查	开工	上半期竣工		

五、所需劳工人数表

施工场所	民国卅二年度	卅三年度	卅四年度	卅五年度	卅六年度	计	备考
宁边第一发电所	五〇〇人	三八三、〇〇〇人	六八二、四〇〇人	二六一、一〇〇人		一、三二七、〇〇〇人	
宁边第二发电所				三一五、七〇〇人	六二三、四〇〇人	九三八、一〇〇人	
送电线路			一三三、九〇〇人	八九、八〇〇人		二二三、七〇〇人	
合计	五〇〇人	三八三、〇〇〇人	六六六、六〇〇人	六二三、四〇〇人		二、四八八、八〇〇人	

六、所需主要物资表

资材类别	单位	民国卅二年度	卅三年度	卅四年度	卅五年度	卅六年度	计
水泥	袋			二五、二〇〇	九、六九〇	三二、六三〇	六七、五二〇
铁材	吨				一〇〇	七八〇	八八五
木材	立方公尺			一〇五	一六五	二三〇	五〇〇

第八章　电信事业计划

第一节　绪言

在电气通信事业尚未发达之本岛，如在军用通信，与公共通信，可以共同建设之处，则仍以共用建设为尚，即将该区之军用通信，包含于公共通信之内是也。

第二节　电信事业五年计划之目标

军用通信自作别论，公共通信事业计划，当以利用数量之多寡而决定之。本岛日人所设通信设备，如能善为维护，则二三年内，足敷应付，惜以流寇不断破坏，及接收后（由交通部接收）不善保管之故，业已损失不赀矣！嗣后，将以产业开发，交通频繁，人口增加，物资麇集之故，通信数量，为之激增，自应早为之计，以备急需。

本计划系以二十年后，铁及优良资源，业已充分开发，而食料及轻工业制品，足以自给自足，假定人口已增加两倍为目标，而拟定之五年计划是也。

第三节　经费问题

通讯及交通等公用事业，各国莫不归诸国营，其由民营而发生困难者，则由政府予以相当补助，以期收费低廉，减轻人民负担，而谋事业之普及并发展者也。本岛关于该项事业之经营，当办理之始，自不免有所损折。盖通信量少，收入自亦随之短少，然此系公共事业，自不能汲汲以增费为念；如欲徒借增费以谋盈余，而求事业扩充，诚亦不智之甚也。要之，除由政府忍痛负担外，可谓其道靡由也。

第四节　岛内通信

岛内通信，原则上系采有线电通信方式，惟须预防线路障碍之发生，故在主要电信局内，应有设置小型短波无线电信收发机之必要，惟近距离内之通信，无线电波，空中扰乱亦应加以注意，设法避免者也。

其一　电信局之设置

文昌、清澜、定安、藤桥、八所、临高、后水等地，在日人占领时期，均已设局，应即复业。白马井、黄流等局，亦应早日设立，以便密切连络。

其二　电话

电话为电信事业中利润最大之业务，如能确保线路之安全，则其长途电话之收入，几可与普通电话之收入相若。果能促进本事业之发展，则其盈余，当可弥补其他不足也。

本岛电话用户，在停战前类属日本商店，迨日军投降后，各地商业景象萧条，电话用费，几达十余倍以上，故用户激减，仅及原数三分之一至四分之一而已！兹将各处电话局，与日军投降时所用用户数，表列如下：（接收时秩序紊乱，不知已否损失，如损失不大当仍不难修复也。）

局名	用户	局名	用户
海口	四〇〇	崖县	三〇
嘉积	四五	北黎	六〇
万宁	一五	石碌	一五
陵水	二五	澄迈	二〇
榆林	一八五		

一　海口电话局

1. 复式机之改装　预计三年内，用户可达一千左右，现有之单式交换机，交换工作，极为低劣，应有改装复式交换机之必要。其电话及线路，仍可照旧应用，只将交换机改装而已，于技术及经济上，均属有利者也。

2. 自动机之改装　预计五年后，用户可达二千，届时，应即从事于自动式机之改装，并予设置冷房，以防湿气及热度之侵入，经相当时间后，复于中心地点，另建较大规模之电话局，俾便容纳用户一万以上之用。此项新电话局，应为三层铜骨水泥建筑，其底层，为机械技术及修理工场；二楼为长途电话交换台及接线室；三楼为局长室、会议室等。改制后，海口因系属将来海南新省省会所在，工商各业必将突飞猛进，电话用户，当必随之激增也。

二　榆林电话局

待海口局改装自动机时，应将该局已旧电话机，移设榆林，以应急需。盖榆林待海南设省，并于该处设立海军基地后，当必益臻繁荣，不若今日之萧条也。

其三　电信

因我国注音符号尚未普及小城市间，亦均采用"摩鲁斯"（Morse Code）式电报符号，故通讯员之分配，较为困难。若收发电报，每月在三十件以内者，其电报若用电话机为之收发，似较便利也。

一　电报转接线路

石碌、北黎、崖县、万宁、陵水等县南部及其西部各地，应以榆林为集中局。

二　海口榆林间之通信

三年后在海口、榆林间，应有装置高速度页式印刷电信机之必要，盖以此项机械，其能率极为优美故也。

其四　通信线路

以本岛通信线路，其电杆、电线，恒受匪类之斫伐窃取，而致发生障碍，嗣后虽由国营，其害恐亦未易肃清，防止之道，可将军用线附加其上，或使各碉堡亦各有电线之设置，严令碉堡驻兵，缜密巡视，并公布惩治条例，以防意外，或略予津贴，责成附近居民，负责保护，以戡乱源，盖亦标本兼治之一法也。

一　电话线路

澄迈、临高、后水及海口、北黎、榆林间各线，均有重行建设之必要。

1. 完成海口、秀英间及黄竹、澄迈间，海头、北黎间，北黎、榆林之线路。其既经完成，又复破坏者，亦应着手修理。

2. 秀英、白莲间，及澄迈、三叉路福山间，临高、后水间；临高至加来间，那大至儋县间之电柱、腕木，如尚能保存，则仅须架设电线而已。

3. 白莲、黄竹、福山、临高间；及那大、加来间，儋县、海头间等各处线路，业已全部破坏，均须重新建设。

4. 本工程所需资材预算，略如下表，惟未将资材运费列入，必要时，另行按照距离、重量、容积、燃料、人工等实际情形分别加入可也。

第八章　电信事业计划 | 175

区间	距离	电柱	腕木	二·九公厘软钢线	一·四公厘软钢线	四·五公厘铁线	三·二公厘铁线	一·八公厘铁线	碍子	煤油	工员	工人	备考
秀英白莲间	二五公尺			三,〇〇〇公斤	二〇公斤	五,八〇〇公斤		二〇公斤		四〇立方公尺	七〇人	七〇人	
白莲黄竹间	一五公尺	三〇〇条	三〇〇条	一,八〇〇公斤	一〇公斤	四,〇〇〇公斤	一五〇公斤	二〇公斤	一,二〇〇个	一二〇立方公尺	六〇人	一〇〇人	
澄迈三岔路福山间	一二公尺			一,四〇〇公斤	一〇公斤	三,〇〇〇公斤		一〇公斤		二〇立方公尺	三五人	三五人	榆林线及澄迈线
福山临高间	三〇公尺	六〇〇条	六〇〇条	三,六〇〇公斤	二〇公斤	八,七〇〇公斤	三〇〇公斤	二〇公斤	二,四〇〇个	二四〇立方公尺	一二〇人	四〇〇人	
临高后水间	二〇公尺					五,〇〇〇公斤		二〇公斤		三〇立方公尺	四〇人	四〇人	后水线

续表

区间	距离	电柱	腕木	二•九公厘软钢线	一•四公厘软钢线	四•五公厘铁线	三•二公厘铁线	一•八公厘铁线	碍子	煤油	工员	工人	备考
临高加来间	二二公尺			二、六〇〇公斤	二〇公斤					四〇立方公尺	五〇人	三〇人	榆林线
加来那大间	三〇公尺	六〇〇条	六〇条	三、六〇〇公斤	二〇公斤	一、二〇〇公斤	三〇〇公斤	二〇公斤	一、二〇〇个	二四〇立方公尺	一二〇人	四〇〇人	同上
那大儋县间	四三公尺			五、一〇〇公斤	三〇公斤					八〇立方公尺	六〇人	六〇人	同上
儋县海头间	四八公尺	一、〇〇〇条	一、〇〇条	五、七〇〇公斤	三〇公斤	二、〇〇〇公斤	五〇〇公斤	四〇公斤	二、〇〇〇个	三九〇立方公尺	一三〇人	六四〇人	同上
合计		二、五〇〇条	二、五〇〇条	二六、〇〇〇〇公斤	一六〇公斤	三〇、二〇〇公斤	一、二五〇公斤	一六〇公斤	六、八〇〇个	一、二〇〇立方公尺	七五五人	一、八七五人	

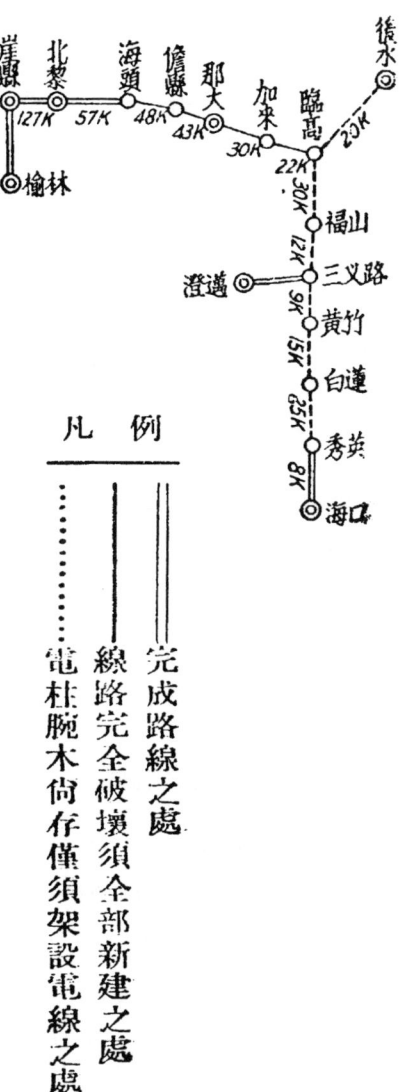

二　电信线路

电信线路应全部采用"开罗式"之双信法（Karolus Type）（按系英国双线桥式相重有线电通信法之一种），俾与电话线路相重复。

三　加设军用线路

必要之军用通信电线，亦可附设于公共通信电杆上，俾收委托保护之效。

其五　小型短波无线电信收发机之装置

在海口、榆林、北黎、澄迈等局，原有此项之装置，嘉积亦有装设之必要，如日间无电之处，则惟有运用夜电耳。

其六　岛外通信

岛外通信，分无线电及海底电线两种，惟二者各有优劣。无线电之建筑费用，虽较低廉，而运用费高，且间有通信不良，及易于被人收取之弊。海底线之建筑及修理费用，虽属较高，惟通信则较完全，用费亦较低廉；且无被人收信之虞。用是近距离者，宜用海底线，远距离者，仍以无线为宜也。

一　无线发信所设置地域之统制

各国之大无线电局，其附近必有两三处发信所，及受信所之设置，在海口方面，应以琼山近郊为发信所设置区域。惟军用通信、公共通信及海岸航空广播等各种电台，实有集中设置之必要。盖所以备自行发电，及技术员互相连络者也。若漫无统制，散处各处，则对于广播收音，常用妨碍收取，及扰乱电话之虞，是亦不可不注意也。

二　无线电话

本岛亦有从速设置无线电话之必要，俾与南京、广州、雷州半岛间，得以开始通话。

1. 对广州及南京回线设备　现时仅有日间可与广州及南京作

定时之连络，在夜间，则送信机可作电话发送矣。

（1）发信机　前日人所设之国际电气通信会社（交通部接收）曾在榆林建设中之电力十瓩之发信机（秘密装置及真空管暨其他一部尚未完成）如移设于琼山而应用之，则其电力五瓩，周率①一兆频带（Meg Band）者，即可敷用。

（2）收信机　前日人之电气通信会社之 A 型收信机，足敷应用。

（3）连络局　设于海口电信局内。

2. 对于雷州半岛之回线设备

（1）发信机　新购具有五〇瓦特（Watt）电力之发信机，设于琼山，周率以五至六兆频带者为适当。

（2）收信机　十灯外差式（Super）即可敷用。

（3）连络局　亦在海口电话局内。

三　无线电信

应从速开办无线电信，俾与雷州半岛、广州、南京、香港、安南等重要地点相连络。

1. 对雷州半岛之回线设备

（1）发信机　将前由国际电气通信会社接收之电力五〇瓦特者应用之，周率为五兆频带者。

（2）收信机　可用五灯外差式者。

（3）控制（操纵）局　设于海口电报局内。

2. 对广州及南京之回线设备　初为定时通信，待通信量增加时得为单独通信。

（1）发信机　将前由国际电气通信会社所接收之一瓩者应用

---

① "周率"，即"频率"。——编者

之，周率十兆频带者可矣。

（2）收信机　可用十灯外差式者。

（3）操纵局　设于海口电报局内。

3. 对香港及安南之回线设备

（1）发信机　将由国际电气通信会社所接收之电力五〇〇瓦特，或由前大日本航空会社所接收之电力一瓩者应用之，其周率八兆频带者可矣。

（2）收信机　可用十灯外差式者。

（3）控制局　设于海口电报局内。

四　海底电话

三年后与本岛近距离之雷州半岛间，应敷设双线式海底电线（Cable）并重叠载波（输送波）于其上，实线与载波均得任意使用，连络局仍设于海口电报局内。

五　海底电信

1. 与雷州半岛间　三年后，与雷州半岛间设置双线式海底电线，其实线或载波（输送波）均可任意使用，联络局设海口，通信方式应用高速度页式印刷电信机。

2. 与广州间　现时海口、香港之间海底线，以从速改装于广州间为宜。惟须特别注意者，厥为珠江内河轮船之航行问题，以常遭切断故也。

3. 与海防间　将原有之海底线，重加修理，便可应用矣。

六　海岸电台

海岸电台，军用、公用，交受其益，盖为保障出入港，及附近船舶航行之安全，气象之通报与警报，暨航行遇难时之救助计，本岛海岸电台，实有设置之必要，应于海口电报局内专置一室，从事收信机之管理，及送信机之控制工作，至其送信机，则以设于琼山送信所内，较为利便。

1. 发信机　由前国际电气通信会社所接收之电力五〇〇瓦特中波送信机，可应用也。其周率中波继续等幅波（I.C.W.）五〇〇千周[①]（K.C.）。持续长波等幅波（C.W.）一四三千周。

2. 收信机　用中场波五灯"自差"式（Auto Dyne）者。

七　航空电台

本岛航空电台，日人分作军用及民用两种，尚属便利。本电台应设于飞行场内，从事于收信机之调整，及发信机之控制，及航空管理机关之密切联系，俾利航空事业之发展。

1. 与飞行之通信　对于由本岛基地起发，及通过上空之各种飞机，通报气象，并交换空中及地面之消息。

（1）发信机　前由国际电气通信会社接收者，系电力五〇〇瓦特中波三三三千周者。

（2）收信机　用短波八灯外差式者两架。

2. 与基地之通信　与各基地通报气象及起落时间。

（1）发信机　前由日本航空会社接收之电力一瓩，周率九兆频带者。

（2）收信机　用十灯外差式者。

其七　广播电台

以本岛文化程度低落，及发电地点稀少之故，广播收音较为

[①] "千周"，即"千赫"，为频率单位旧称。——编者

困难。为本岛民智之启发，文化之灌输，及正当娱乐之提倡计，广播事业，诚有早日树立之必要在也。广播电台，设于海口，经常放送地方、中央及国际新闻，其与南京、广州间之播音，如属一〇瓩短波发信机，则仅能与夜间放送而已。迨收听者增多时，则应改装单式短波二瓩者，俾便适用。

其八　器材及资材之供给与修理

各种器材及所需资材，应致力于岛内之自给，如成本价格过于高昂，则可向内陆及国外采购之。

一　电杆　本岛腹地，产有优良木材，可供电杆之用，如以丹矾或木油（Creosote）液注入之，不惟可免白蚁侵蚀，且能延长寿命三至五倍。

二　机器修理工场　本岛湿气甚重，故发信收信机之变压器，及其绝缘线类之损耗极大，修理零件工场之设置实为必要。

其九　工作人员及其训练机关

电信之低级工作工员，以在本岛就地取才为主，其各种人员训练之方针如次：

一　通信员　选择小学毕业年龄在十六岁以下之青年，授以一年半之必要学科及技术训练。在其服务期内，并选择优秀分子，前往广州、南京。复予一年期间高级学科、技术之训练，俾结业后，成为电报局之干部或派往海岸或航空电台内工作。

二　交换员　小学毕业十七岁以下之青年，施以二个月之训练，便可驱使矣。

三　技工　机械与线路技工，均以小学毕业，年龄在十七岁以下者为合格，施以六个月间之主要学科及技术之训练，必要时，仍复予特种技术深造，俾便各项实际工作之参加。

第九章　铁路事业计划

第一节　既成铁路

日人在本岛所设之铁路，乃以岛内最优良港口，及南部中心地点之榆林为起点，沿海岸平野，西行，经三亚街、马岭，及南部第一产业都市之崖县，更越九所、黄流、佛罗、感恩等南部各主要都市，以迄西方大都市之北黎。本线全长约共一七九公里，谓之"海南本线"。其支线之由三亚街分歧而至三亚港者，谓之"三亚港线"。其由田独矿山，而至榆林港者，谓之"田独线"。其由石碌矿山，而至八所港者，谓之"石碌线"。在北黎与本线相连接。该项铁路，其建设目的旨在运输矿砂，惟接收后，以燃料问题，几一时停顿，良以矿山停顿后，铁路亦无用武之地也。嗣后该路命运，与石碌矿砂之需要，及八所港之设备，均有密切关系。闻最近交通部派员整理后，业已通车，暂维交通。该路有关全岛开发者至巨，惟护路及延长等各项问题，似均有待于建省问题之解决矣。

本岛已成铁路如下表：

路线名	区　　间	里程（公里）	备　　考
海南本线	榆林　北黎	一七八・[①]九〇	
三亚港线	六乡　三亚	七・七〇	

---

① "・"，原文误作"、"，今改正。

续表

路线名	区　间	里程（公里）	备　考
汐见线	干沟　汐见	三·六〇	
石碌线	石碌　八所	五三·〇〇	
田独线	田独　安游	一一·五〇	
侧线		一二·一五	
计		二六六·八五	

工程路线（运输砂石用）

路线名	区　间	里程（公里）	备　考
槟榔村线		五·八〇	
感恩线		一·三〇	
宁远水线		一·三七	
小岭线		一·一〇	
计		九·五七	
合计①		二七六·四二	

第二节　计划铁路要点

建设本岛铁路，应先谋南北之连络，先由本岛最大都市之海口，向东部沿海平野之主要都市发展，以迄南部新兴都市之榆林，该项铁路之敷设，对于本岛开发，确具莫大价值也。

其一　路线

由中心都市海口出发，向琼山东部，越南渡江西岸平原，折

---

① 此合计数据为与上表合计之数据。——编者

而南下，至潭口南方，约一公里之处而渡江（南渡江），复经云龙墟北境，而向三江市东进，以迄琼山县最东端之商业地之大致坡，而入文昌县之潭牛市，折而西行，而达文昌。经大平野而南下，经迈号市文会而达新村港，越公后市而入琼东县境。经长坡市及琼东而达物资集散地之嘉积市。由是南下，经乐会之中原，而入万宁，由龙滚市西行，经和乐、后安两市及万宁礼纪市、南桥市，越分界岭隧道，而达陵水。由是凭海滨西进，而入崖县。越该县最东端之藤桥西南行，再入隧道，而出大芽峒盆地，西向榆林港前进，越重山南下，在乾沟信号所，与该海南本线相衔接，而达榆林港矣。

迨海口、清澜等港之筑港计划实施时，各该市之临港铁路支线，亦有敷设之必要也。

其二 建设

一 路线之选定及测量

当路线建设之先，先应着手各种测量调查，其必需之人员，及器材之使用、供应，暨所需劳力与时期之计算等，略如下表：

铁路测量所需之劳力与期间估计表

种别	劳力（人）	期间	备考
准备		三个月	
预测	四五、〇〇〇	一〇个月	实地勘察及各种调查
图上路线选定		一个月	
实测	七五、〇〇〇	一〇个月	
计划图表		三个月	路线设计书、经费预算及各种图表等
计	一二〇、〇〇〇	二年三个月	

二 土工

本路基层，应以日人在南部业经筑成者之资料为根据，其土质及路基工程之方法，工程期间之长短，降雨量之多少等，均应精密考虑，然后计划。本岛雨季中之洪水量，以河流未浚，及腹地多山之故，水量特大。东部一带，降雨尤多，致使土工进行，极感困难，此路基之计划施工，应予倍加注意者也。

筑堤之法，定面积坡度，应按照现时地质，妥为确定。其一般标准，则为一五％，每隔法定长度三十公分，铺以草皮，并覆细土。其筑堤材料，而为岩石者，则其表面，应以石铺之，以代覆土。坡度结构，应为一二％左右。若地质优良，离地底不高之处，则可减为一〇％。其高逾十公尺者，则其地底部之坡度，以视上部，应减少二％至三％，掘取之法定坡度，普通以一〇％为度。其地盘若有异动崩坏之虞者，则其坡度，须有一五％或二〇％以上或更过之。如遇湿地，则其施工基面两侧，应各依照地势、地质，开浚相当侧沟，以为之备。兹将有关表格，分列如次：

土工定则
施工基面宽度　单位公尺（公厘）

路线别＼路基高	六公尺以下	六公尺以上九公尺以下	九公尺以上十二公尺以下	一二公尺以上	掘取
本线	四、五〇〇	四、八〇〇	五、一〇〇	五、四〇〇	四、五〇〇
工程用线	三、八〇〇	四、一〇〇	四、四〇〇	四、七〇〇	三、八〇〇

路基之挫落限度

路基高	挫落限度
三公尺以下	高度之 一〇％
三公尺以上 六公尺以下	高度之 八％
六公尺以上 九公尺以下	高度之 七％
九公尺以上 一二公尺以下	高度之 六％
十二公尺以上	高度之 五％

工程实施之法，如为资材、劳力所许，则以各处雇用多数劳工，同时着手为得。

主要工程数量及劳工概算表

工程种类	工程（立方公尺）	劳工（人）	摘 要
掘取	一、四〇〇、〇〇〇	二、八〇〇、〇〇〇	每立方公尺二人
筑堤	四、五一二、〇〇〇	九、〇二四、〇〇〇	每立方公尺二人
铺草皮	三五二、〇〇〇	七〇四、〇〇〇	每平方公尺二人
拥壁（三合土）	九九、〇〇〇	四四五、五〇〇	每平方公尺四·五人
杂工（三合土）	四、五〇〇	二〇、二五〇	材料采集及长距离搬运工作未列入
计		一二、九九三、七五〇	

三 桥梁及涵洞

本岛雨量，以东部滨海为最大，故其洪水量亦最高，缘是河流之修改工程，应随产业开发，同时并进，而有即行着手之必要。目下各处河流，类皆任其自然，关于铁路桥梁之架设，及下部构造之设计，所需之该地地势，地质，及流量与流速等，亟应精密调查，以备各项计划，拟订依据之需。

岛内桥梁工程期间之长短，几为南渡江，万全溪及陵水溪三处长大桥梁所支配，如人员，资材，皆能顺利运用，则准备期间为六个月。下部构造，其基础三合土工程，平均每日进行二〇〇立方公尺，约需二年。完成架桁工程，约需一年零一个月。南渡江之铁吊桥工程亦需二年。其他小桥及涵洞之三合土工程，平均五日筑成一百立方公尺，则需二年十个月云。

兹将所需工程数量及劳工数量表述如次：

桥梁表

工程种类	单位	工程	劳工	摘要
基础取土	立方公尺	二一、〇〇〇	六三、〇〇〇	一立方公尺　三人
基础碎石	立方公尺	四、〇〇〇	一六、〇〇〇	一立方公尺　四人
基础打桩 末口〇・一五公尺，长五公尺	条	二二、四〇〇	七八、四〇〇	一条　三・五人
桥面桥脚三合土	立方公尺	二八、〇〇〇	一四〇、〇〇〇	一立方公尺　五人
架桁	连	二〇三	六二、九五〇	一钣桁连　一七〇人 一构桁连　二、五四〇人
计			三六〇、三五〇	

小桥表

工程种类	单位	工程	劳工	摘要
基础取土	立方公尺	六、〇〇〇	一八、〇〇〇	一立方公尺 三人
基础碎石	立方公尺	三、〇〇〇	一二、〇〇〇	一立方公尺 四人
基础打桩 末口〇·一五公尺，长五公尺	条	七、〇〇〇	二四、五〇〇	一条 三·五人
三合土	立方公尺	一八、〇〇〇	九〇、〇〇〇	一立方公尺 五人
钢骨三合土	立方公尺	三、九〇〇	二三、四〇〇	一立方公尺 六人
计			一六七、九〇〇	

涵洞表

工程种类	单位	工程	劳工	摘要
三合土	立方公尺	一〇、五〇〇	四二、〇〇〇	一立方公尺 四人
合计			五七〇、二五〇[①]	

四 隧道

海口、榆林间铁路敷设计划中，工程最感困难，而足以支配全路之完成期间者，厥为路线所经之长大桥梁，及其隧道。故当选择路线之初，以竭力避免为得策。万宁、陵水间，以及藤桥、榆林间铁路所必经之两大隧道，实属不可避免之困难工程也。为期迅速完成计，除首须具有优秀之技术指导人员，及所需劳工、

---

① 该数字是本表劳工数与前两表劳工数合计结果。——编者

资材之获得外，复须及早开工，并谋动力之解决，俾各项工程均趋机械化，以期减少困难，早观厥成。

第一隧道	万宁—陵水间	长约四公里
第二隧道	藤桥—榆林间	长约二公里半

此系根据前日窒电气会社调查部所制二十万之一地图而设计者也。待实际施工时，其测量、地质、仍须重行勘测，距离终仍有若干变动也。本工程所需之资材、劳工等，约如下表：

1. **隧道断面**　计划断面及其他均照下列标准。

覆土卷厚	四〇公分（三合土）
凿洞断面积	三一·八平方公尺
三合土断面积	六·二平方公尺

2. **主要工程数量及资材概算表**

掘凿

隧道	掘凿量	火药量			其他主要材料		备考
	单位立方公尺	炸药（吨）	雷管（发）	导火线（公尺）	木材（立方公尺）	铁材（吨）	
第一隧道	一二九、五〇〇	一七〇	三二四、八〇〇	三二四、一〇〇	七、一〇〇	五五	
第二隧道	八一、〇〇〇	一〇六	二〇二、〇〇〇	二〇二、六〇〇	四、四二〇	三五	
计	二一〇、七〇〇	二七六	五二七、八〇〇	五二六、七〇〇	一二、三九〇	九〇	

覆工

隧道	三合土（立方公尺）	水泥（吨）	砂（立方公尺）	石子（立方公尺）	铁材（吨）	备考
第一隧道	二六、四〇〇	八、一一〇	一三、二〇〇	二六、四〇〇	一〇〇	
第二隧道	一六、九〇〇	五、一一五	九、〇〇〇	一六、九〇〇	一〇〇	
合计	四三、三〇〇	一三、二二五	二二、二〇〇	四三、三〇〇	二〇〇	

凿洞工程，每日进行三公尺，其叠土工作，则须于开始凿洞三个月后，始行开工，覆土卷厚，以迄全长为止。

工程别劳工概算表

工程种类	工程（立方公尺）	劳工（人）	备考
凿洞	二一〇、七〇〇	六三二、一〇〇	每立方公尺　三人
叠筑三合土	四三、三〇〇	一七三、二〇〇	每立方公尺　四人
计	二五四、〇〇〇	八〇五、三〇〇	

预定完成期限

第一隧道	四·〇公里	四年八个月
第二隧道	二·五公里	三年

五　轨道

1. 材料运输　全长二八三公里之铁道计划，欲期于预定时间内，全部完成，应视必需资材之运输能力以为断。当敷设之际，为避免工作偏于一隅计，应分为数处，同时进行，故其资材运输，务求同时并进。海上运输，由海口、清澜、新村、榆林四港；陆上运输，则拟以轻便铁道，从事运输。

2. **轨道之敷设期间** 本工程如按照下列地区。分别施工，则其完成期间，约如次表：

敷设地点	全长（公里）	预定期间	摘　　要
海口—文昌	一六·〇	八个月	第一期工程
文昌—海口	五二·五		
文昌—新村	八四·五	九个月	第二期工程
新村—文昌	八四·〇		
榆林—新村	四六·〇	五个月	第三期工程
新村—榆林			
计	二八三·〇	一年十个月	

3. **路床面** 路床石子，乃保护路轨之重要资材也。惟在本岛，优良石子，故所缺乏，即粗劣者，亦不可多得，对于工作期间，诚不无影响也。不敷应用时，不妨先以黄砂铺之，同时并应敷设采石路线，及碎石石子场，俾备搜集碎石，次第更换。

4. **路线及轨道之构造** 路线及轨道之构造，应按照已成之海南本线为之，其规定及标准如次：

路线之规定标准

轨间	一·〇六七公尺	坡度	一、〇〇〇分之二五
曲线半径	三〇〇公尺（支线一八〇公尺）	钢轨	三七吨
枕木	一八根	路面厚	〇·二公尺
施工路基宽	四·五公尺	轨道强度	KS一五
桥梁强度	KS一八		

铁路枕木之搜集，以视石子采集，尤为困难，且本岛所产木材，以其强度软弱，其补充交换及其增设，非有充分准备不克济事也。

品　名	形　式	单位	需　量	备　考
钢轨	三七公里　长一〇公尺	吨	二五、九〇〇	各站支线计查在内
车尾接缝板	三七公里用	吨	一、一二〇	各站支线计查在内
螺丝钉条	三七公里用	吨	一〇五	各站支线计查在内
鱼尾板	三七公里用	吨	三、八五〇	各站支线计查在内
道钉（狗头钉）	0.2m×0.14m×2.14m	吨	二、一〇〇	各站支线计查在内
铺轨枕木	0.2m×0.2m×2.4m	吨	三一、五〇〇	各站支线计查在内（六三〇、〇〇〇Ｔ）
桥梁枕木		吨	六〇三	桥梁全长三·七公里（一〇、〇〇〇Ｔ）
路面石子		立方公尺	三五〇、〇〇〇	

5. 轨道　主要工程数量及其劳工概算表

工程别	单　位	工　程	劳　工	摘　要
钢轨	公里	一、二五〇	二四五、〇〇〇	一公里　七〇〇人
铺石子扛上路线及其他	立方公尺	三五〇、〇〇〇	一、〇五〇、〇〇〇	每立方公尺三人，惟石子采集，石子击碎，长距离运输工作，均未计入
计			一、二九五、〇〇〇	

六　车站

车站之大小，及其应有之设施，应视车站种类，而各异致。所有路线之经济情形，旅客货物数量之多寡等，均应详加调查，而供车站设置计划之参考。兹根据南路已成铁路之状况，而将沿路车站，配置如下：

车站地	里程（公里）		备考
	海口起点	距离	
海口			
琼山	三・〇	三・〇	
云龙	二二・〇	一九・〇	
三江	三四・〇	一二・〇	
大致坡	四六・〇	一二・〇	
潭牛	五六・〇	一〇・〇	
文昌	六八・五	一二・五	
迈号	七七・八	九・三	
会文	八六・三	八・五	
公后（烟墪）	九一・三	五・〇	
长坡	一〇四・六	一三・〇	
琼东	一一四・一	九・五	
嘉积	一二三・一	九・〇	
中原	一三三・一	一〇・〇	
龙滚	一四六・六	一三・五	
和乐	一六一・六	一五・〇	

续表

车站地	里程（公里）		备 考
	海口起点	距 离	
后安	一六六・六	五・〇	
万宁	一七五・一	八・五	
礼纪	一八五・一	一〇・〇	
兴隆	一九六・六	一一・五	
南桥	二〇六・一	九・五	
岭门	二一七・一	一一・〇	
陵水	二二六・一	九・〇	
新村	二三七・〇	一一・九	
吴州坡	二四八・一	一一・一	
藤桥	二五九・一	一一・〇	
湾应	二六八・五	九・四	
潮南	二七三・五	五・〇	
乾沟	二八三・〇	九・五	
榆林			

路线建设所需之主要工程数量及其材料劳工概算表

工程数量

工程别 单位 种别	（测量）	土工	桥梁	沟桥	涵洞	隧道	轨道	计
取土	立方公尺	一,四四〇,〇〇〇						一,四四〇,〇〇〇
土基	立方公尺	四,五一二,〇〇〇						四,五一二,〇〇〇
铺草皮	平方公尺	三五二,〇〇〇						三五二,〇〇〇
三合土	立方公尺	一〇三,〇〇〇	二八,〇〇〇	一八,〇〇〇	一〇,五〇〇	四三,二〇〇		二〇三,三〇〇
基础取土	立方公尺		二一,〇〇〇	六,〇〇〇				二七,〇〇〇
基础取石子	立方公尺		四,二〇〇	三,〇〇〇				七,二〇〇
基础打桩	根		二二,四〇〇	七,五〇〇				二九,九〇〇
架桁	连		二〇三					二〇三
钢骨三合土	立方公尺			三,九〇〇				三,九〇〇

续表

工程别 \ 单位 种别	(测量)	土工	桥梁	沟桥	涵洞	隧道	轨道	计
掘凿	立方公尺					三〇,七〇〇		三〇,七〇〇
钢轨敷设	公里						三五〇	三五〇
				材　料				
水泥	吨	三一,〇〇〇	八,四〇〇	六,六七〇	三,一五〇	一三,二三〇		六二,〇〇〇
砂	立方公尺	四七,〇〇〇	二二,八八〇	八,八八〇	四,八三〇	一二,二〇〇		九六,四〇〇
细石	立方公尺	九五,〇〇〇	二五,七六〇	一七,七六〇	九,六六〇	四三,二〇〇	三五〇,〇〇〇	五四一,七〇〇
钢桥材	吨		六,一七〇					六,一七〇
钢骨	吨			二五〇				二五〇
钢轨及其他附属品	吨	一,〇〇〇			四	九〇	三三,〇七五	三四,〇七五
铁钉、铁线、其他	吨	一二三	一二	一二〇				一五一
中间材	吨					二〇〇		二〇〇

续表

种别＼工程别／单位	（测量）	土工	桥梁	沟桥	涵洞	隧道	轨道	计
木材　立方公尺		三，五〇〇	四，二六〇	二，一五〇	七五〇	一二，三九〇	三八，八〇〇	六一，八五〇
炸药　吨		七六〇				二八〇		一，〇四〇
雷管　发		二，九一五，七〇〇				五二七，八〇〇		三，四四三，五〇〇
导火线　公尺		一，四七二，八〇〇				五二六，七〇〇		
劳工　人数	一二〇，〇〇〇	一二，四四〇，五〇〇	三六一，〇〇〇	一六九，一六五，〇	六三，〇〇〇	八〇五，〇〇〇	二，九五〇，〇〇〇	一五，二五三，八〇〇
石子采集劳力　人数								八，四一四，七〇〇
总计　人数								二三，六六八，五〇〇

劳　工

第三节　营运计划

本计划，铁路以行政中心与接连内陆之海口为起点。南部以最良海港，及交通中心之榆林为起点。其既设线终点之北黎，系西部重镇，且具外港八所，实为本线营运重要据点。惟目下沿线各地之经济情况，客货之输送数量，及其他各项统计，均无法调查，故其计划订定，不免发生困难。兹假定海口至榆林，及榆林至北黎间每日往返一次，约如下表：

一　机车（车头）		二〇辆
1. 经常使用者	四辆	
2. 用途变换者	一〇辆	
3. 预备用者	六辆	
二　客货车		一八〇辆
1. 客车	三〇辆	
2. 货车	一五〇辆	
三　供给煤水设备		一五处
四　修车厂		五处
五　燃料		五〇吨（一日间所需量）
1. 海口榆林间	三〇吨	
2. 榆林北黎间	二〇吨	

第四节　电气化计划

其一　绪言

维持本岛铁路营运事业，仰赖燃料之输入，故欲求五百公里铁路营运，跻于万全计，莫如完成水力电气设备，俾全岛达于电气化也。惟查本岛地势，北部河流，坡度缓慢，水力发电，较为不易，虽耗巨额经费，恐亦无济于事，若以电气事业计划地之昌化大江，及宁远溪地区之电源为基础，则所需电力，当能如量供给，绝无问题也。

其二 计划概要

北黎至榆林间，既成铁路，计长一八〇公里，海口至榆林间，计划铁路，计长二九〇公里，如欲全部电气化时，其间应设立电压管理所数处。其位置先由电力发源地之北黎开始，北黎至崖县，崖县至陵水，陵水至嘉积，嘉积至海口间，调查其容许电流，设置之可矣。

一 所需电量

本路四七〇公里间，以电气机车（车头）十辆，而复同时行驶时，所需最大电力量为标准而计算之。其配电线高压为三、三〇〇伏特（Volt）电车线之电压为五〇〇伏特，每辆机车行驶，需电七四六瓩，则所需总电量每小时即为七、四六〇瓩也。

二 所需主要资材及劳工之预定数量

资材	种别	单位	所需数量
铁材	梗钢裸线	吨	七九〇
	硬钢皮覆线	吨	四七〇
	镀亚铅皮覆线	吨	五〇〇
	接续式皮覆线	吨	七〇
	海底电线	吨	五〇〇
	铁制模型	具	三、〇〇〇
	电柱横档	吨	二、〇〇〇
木材	电柱	立方公尺	一三、〇〇〇
铁材	镀亚铅铁线	吨	三〇〇
劳工	人员	人	三〇〇、〇〇〇

第十章 公路桥梁及汽车运输业计划

第一节 公路桥梁计划

其一 本岛之道路桥梁现状

本岛道路最大干线，即今环岛公路是也。并由各支线以与各主要市镇相联结而形成本岛之道路网。北部地势平衍，道路纵横，颇为发达；南部则阻于重山叠嶂，地鲜平坦，故其道路，亦欠畅通。至于中央山岳地带，则以治安欠佳，建设困难之故，仅有羊肠小道，以供人民往来而已。欲求本岛道路网之完成，应以恢复治安为第一要义，然后更随产业之开发而渐图修改。迩来以军事关系，先后新筑次第通车者，所在多有。公路构造，除海口、三亚附近系三合土，及榆林市内用柏油铺设者外，其余大部均属原始土路。雨季则泥泞载道，干季则砂尘扑面，若不随时修补，则路面破坏，将与日剧进，此即胜利接收后，环岛公路之现象也，诚可叹矣。

如将环岛公路而区分之，则由海口至美林埔附近道路，均属黏土质，以交通较繁，故雨季泥泞亦甚。文昌、嘉积、万宁附近，则为砂土，土质最佳。南桥附近之山路，亦属黏土，泥泞亦甚。陵水至三亚间，系属砂土，雨季恒被冲刷，干季时则多飞砂。三亚附近以交通较繁，故其路面，破坏益烈矣。如由海口西行，其环岛公路，除南部系属砂土，大体皆为黏土，雨季期间，泥泞尤甚，以视东向，路面更劣。至环岛公路以外之路线，则除一部分重要路线外，更乏修整，情形益劣矣。

各公路宽度，除环岛公路为六至八公尺外，余皆在四公尺左右，其在六公尺以上者，则仅于重要地区，偶尔见之耳。至其坡度，则环岛公路以竹麓、千早、赤坂三处为最急。各处桥梁，对于汽车之载重及行车速度，均应予以限制，以保安全。环岛公路以外之公路，亦已渐次通行汽车，惟当倾斜过急，及地势起伏之地，亟应从事取土，以策安全。

此外，桥梁亦为本岛交通上最大之癌，除海口附近之日出桥（旧名）及三亚附近之三亚桥等三数永久桥梁外，均为临时木桥，盖皆于军事时期内，日人架设者也。而桥下河流，尚未经人工修改，其曲折宽狭，河床坡度，均无定态，防御洪水，亦无设施。除山间腹地，尚有森林分布外，几皆童山绵亘，林木零落。雨水流失，无可停蓄，设遇豪雨，辄有洪水泛滥，淹没桥梁之虞。是故，桥梁之每年须予架设三四次者，比比然也。为确保陆上交通安全计，本岛桥梁之修改，诚不可缓也。于接收后一年内，以地方秩序，每况愈下，闻各处桥梁，更残缺不全，若欲恢复全岛交通，惟有待之改省之后，盖治安、经济，均属严重问题，决非空言所克有济者也。

其二　计划方针

当公路计划树立之先，对于该项道路目的，允宜深加研究。盖道路之筑成，或在国土经济之发展，或在新兴物资之运输，或在统治之便利，或在国防之需要，均应认清目标，分别缓急，然后计划，以利实施。本岛公路计划，自亦不脱各项因子，允宜根据国土计划，分别轻重，从事修改，决非率尔从事所可有济者也。按照目的，以决定最重要之路线后，始可从事于资材劳力之预算，及实施计划之确定。然此种计划，欲求完美，诚未易言也，盖开发事业之进展，及治安之恢复，文化之进步等，均与公路之修筑，具有密切之关系，允宜综合调查，详加研究，俾相配合者也。

其三 道路之分类及其构造

一 公路之分类

本岛公路网，可按其重要性，而分为一等路、二等路、三等路等三种，所谓国道、省道、县道是也。一等路，凡本岛最重要之环岛公路，及西北部滨海公路，及海口、嘉积间，暨榆林、三亚间之公路属之。二等路，凡由嘉积至黄流，及由那大至藤桥之中央纵断，以连络南北之道路干线，及由白马井、那大至嘉积，及由北黎至崖县，以连络东西之道路，及东北海滨公路等属之。至三等路乃与一、二等路相连络，以增进地方之交通者也。按照产业开发计划及治安、国防等实际情形，以决定之，必要时，复可随时扩大，进为一二等路。总之，公路分类，要皆因时因地制宜，绝非一定不变者也。

二 公路之构造

公路构造，即其设计之标准，应视交通工具种类而规定之。本岛交通工具，普通为汽车，故其构造，亦应以汽车为对象。

查一般公路能率，为宽度、坡度、屈曲半径及路面构造等四要素所支配。若宽度广，坡度、屈曲半径缓和；而路面构造上面为黄砂，凹凸不平，汽车行驶，终难望其迅速也。若此四要素，能互相调和，则一等路，平均行速为六十公里，二等路，为五十公里，三等路，为四十公里。兹将公路构造标准略述如次：

1. 路面宽度 公路路面宽度，以汽车一辆，得以安全自由行驶为度，各国概以三公尺为标准，除街道外，普通应以双车路为标准。本岛道路计划，拟以六公尺为有效宽度，惟一等路以交通频繁，应于六公尺以外，两侧各加设二公尺为缓速车路，以保行人，及牛马之安全，并加设一公尺之路边，故总宽度即为十二公尺矣。惟有效宽度，仍以十公尺为标准，至于二等路，虽亦以双车路为标准，惟可无加设缓速车路之必要，故其有效宽度，为六公尺而总宽度为八公尺也。双车路运输能力（即一车路在一小时内，可能通过车辆之最大数），大略如次：

平均时速每小时五十公里	时	汽车二二〇辆
平均时速每小时六十公里	时	汽车一八〇辆

2. 路面构造 铺路卵石，以本岛河流极少产生，故其路面，皆属土路而已！除嘉积方面一部分，系属真砂系土质外，余概属红砖系之黏土砂土，降雨时泥泞载途，或竟路面流水；干燥时，遽尔硬化，或致风尘扑面，不惟交通速度，不克为高度之发展，且时有阻塞之虞。改善之道，则路面之铺设尚矣。铺设之法，凡已用砂石压平之路面，再用柏油，简单处理，固无不可，惟该项路基，可谓无骨土路，不能持久，如铺以水泥三合土，则最为经济耐用。其铺设宽度，则一等路六公尺，二等路三公尺足矣。海口至秀英码头间，其公路路面，即以水泥三合土构成者，坚固耐用，屹然未毁，改省后，如财力所许，全岛路面，俱予改观，则诚本岛交通前途之幸也。

其四 桥梁

一等路及二等路，所有之桥梁，合计长约二〇公里，涵洞（暗渠）约有三·七公里（如附表一、二）现有桥梁类属临时性质，如欲修改，俾不为洪水所摧毁，则其高度、长度均应设法增加者也。桥梁构造，自以钢骨三合土构成者最为理想，惟在五公尺以下之小桥，即仅以三合土筑造可矣。桥梁宽度，以其长度为标准，如全长在二〇公尺以内者，得与道路同宽，六公尺可矣。至于涵洞，若在山间，可用石制，平原可用三合土或用砖制之。当桥梁及涵洞设计之际，流水断面积，应特别注意，不可过狭，以防豪雨洪流无法宣泄之患。其架桥地点，亦须缜密研究，如须修改则距离桥畔五百至一千公尺左右之河流，亦应同时予以修改，良以本岛道路桥梁脆弱，实为本岛交通之癌，一等路桥梁，务须早日改善，改为永久性者，俾利交通而免意外，实行改省后，桥梁建设，抑亦本岛交通建设中首要工程也。

其五 重要资材及劳工需要量

一等二等路线，所必需之水泥、铁材、木材、石材及火药等重要资材数量，如附表三所示。至路面、桥梁、涵洞、隧道等所需资材，及劳工数量，则如附表四至七所示，盖以一等路为六公尺，二等路为三公尺，桥梁则一律以钢骨三合土建筑者也。兹将本计划所需主要资材，列表如次：

铁材	一万三千吨	（内一等路用七、八〇〇吨，二等路用五、二〇〇吨）
水泥	五十万吨	（内一等路用三十五万吨，二等路用十五万吨）

续表

木材	四万四千立方公尺	（内一等路用二万七千立方公尺，二等路用一万七千立方公尺）
石材	五百八十万立方公尺	（内一等路用三百九十万立方公尺，二等路用一百九十万立方公尺）
火药	四百六十吨	（内一等路用三百一十吨，二等路用一百五十吨）

又该项计划，实施时所需之劳工，如附表八至第十一所列，总数约为八千万人，完成一等路线，约需五千四百万人，二等路线，约需二千六百万人。该项劳工，以本岛居民为基本，如能充分利用优良机械与技术，当可节省相当人力也。兹将德国在西历一九三三年，修筑汽车公路凡延长一、〇〇〇公尺，即每公里需圆铁五万二千吨，水泥一〇七吨，骨材六百十万吨，五年间之工程量如下：

所需劳工	每日计十二万人
土工	二九、〇〇〇万立方公尺
三合土	一、五五〇万立方公尺
铺路	五、三〇〇万平方公尺
完成长度	三、〇〇〇公里
工程用机车	三、三〇〇辆
运土车	六〇、〇〇〇辆
工程用铁轨	四〇〇〇公里
混合机	一、二五〇部

其六 关于公路桥梁之维持及管理

现在环岛公路大部系属土路，若非随时修整，行军不免发生障碍，且桥梁构造，极为简陋，故其载重，亦应予以限制。当该计划完成之先，所有公路，实有重行修整之必要。关于排水方法之改良，及沿途路面之覆土，桥梁之修理与改筑等，均应随时留意而不容或忽也。至桥下船只之通过，抑亦航行上所必要也。

为求公路桥梁作合理之维持与管理计，最低限度，须在海口、嘉积、陵水、三亚、崖县、黄流、北黎、那大等八处设立"公路管理分处"，并于重要地区，分设办事处，分派技术人员常川驻扎，并置备材料，以便修理而资维持。由各该区公路分处分员督导之责，抑亦维护公路所必要也。

其七　结论

现在海南岛所有之公路桥梁，皆系畴昔日人应付战争，率尔筑成者，所有材料，系就地搜购，故不易耐用，为确保陆路交通计，实有迅速修改之必要，所需资材劳力，虽极浩大，惟为开发本岛经济，及完成国防计划计，自当不计一切，努力以求其早日实现也。兹将所编二十年计划，列之如次，以供参考：

一　第一次五年计划

1. 完成一等一号及五号路线，惟隧道除外。
2. 一等二号路线中之桥梁涵洞应为永久构造。

二　第二次五年计划

1. 完成一等二号路线。
2. 一等二号路线中之桥梁涵洞，应为其永久构造。
3. 完成一等路线之隧道。

三　第三次五年计划

1. 二等一号及二号路线之新设（路面铺设，容待下期，桥梁涵洞应为永久构造）。

2. 二等二、三、四、五号各线，其桥梁涵洞应为永久构造。

四　第四次五年计划

1. 二等路线全部路面之铺设。

尔外，凡随开发计划之进展，及地方交通性三等路之整修，而认为局部有另定重要路线之必要时，得予以考虑。

上项计划，系属初步方案，其每年所需之资材、劳力，虽极庞大，惟以本岛地位重要，与台湾并称为我国海上双目，其开发建设，既为我国重要政策之一，则陆上交通之确保，实为先决条件。鉴诸德国汽车公路五年间完成三千公里之成绩，则上述之交通计划，要非不能实现之幻想也。

第二节　汽车运输事业计划

其一　营业路线

本岛陆上交通，除少数汽车在局部地区内营业外，尚有利用牛马以为交通工具者。若以汽车营业，则本岛交通，除必须以八〇〇公里之公路为干线外，为求开发事业之推行，及治安之确保计，并须开辟支线，俾便与其他重要地点相交通，兹将其路线及路程表列如次：

路线总称	路　　线	里　　程	营业站所在地
东环线	海口・嘉积线	一三五公里	海口・文昌・嘉积
	嘉积・陵水线	一四四公里	嘉积・万宁・陵水
	陵水・榆林线	八四公里	陵水・藤桥・榆林
西环线	海口・那大线	一三一公里	海口・澄迈・那大
	那大・北黎线	一四五公里	那大・北黎
	北黎・榆林线	一七九公里	北黎・黄流・崖县・榆林
北部线	海口・琼山线	六公里	海口・琼山
	海口・秀英线	五公里	海口
	海口・丰盈线	二六公里	海口
	海口・文昌线	七三公里	海口・文昌
	海口・澄迈线	六六公里	海口・澄迈
	海口・定安线	五八公里	海口・定安・东山
	海口・临高线	一一八公里	海口・临高
	海口・十字路线	二六公里	海口・十字路
	临高・后水线	二〇公里	临高・后水
	那大・儋县线	五〇公里	那大・儋县
	文昌・清澜线	一四公里	文昌・清澜
	嘉积・万宁线	七五公里	嘉积・万宁
南部线	陵水・万宁线	六九公里	陵水・藤桥・万宁
	榆林・三亚线	一四公里	榆林
	榆林・三亚街线	一二公里	榆林
	三亚・崖县线	五〇公里	榆林・崖县
	三亚・榆林潭线	九公里	榆林
	三亚・妙山线	八公里	榆林
	三亚・黄流线	九八公里	榆林・黄流
	北黎・黄流线	八一公里	北黎・黄流
	北黎・八所・新街线	二〇公里	北黎・八所・新街
	合计	一、七一六公里	

治安情况，如能改善，则公路桥梁建设计划中之桥梁架设，与纵横公路干线之建立，均可顺利进行，且营业路线，亦可渐次延长，对于产业之发展，文化之提高，及国防力量之充实，将有极大贡献也。

其二　营业之主体

本岛各种开发建设事业中，汽车运输所负任务至大，故汽车行驶之能率，务求其日益进展。营业主体，亦当使之一元化，俾人员、设备，有无相通，营业区间，收支平衡，以达此重大使命。而其修补，自以公营为最善，盖与汽车营业，具有密切关系之公路，桥梁之维持，及汽车修理工厂之设置等，均为道路之切身问题，仍待政府解决故也。

其三　车辆与修理

从本岛今日之经济情形而论，汽车制造事业，如欲于短期内，建立基础，殆不可能，汽车除向外国购买外，惟有先从修整工作入手，俾便交通事业，得以顺利推进。惟修理工作，困难之处，厥惟零件搜集，故汽车有关零件，均应集中于修理工厂，不宜分散，俾便统一修理，而期提高效率，应于榆林、八所、那大等处，酌设分厂。

此外，燃料中之汽油，以本岛并无出产，倘遇非常时期，每致断绝接济，应求对策，俾资供应。至于柴炭，来路较易，应于平时多所储备，以便代用、此亦不可或忽之重要问题也。

附　海南岛公路建设规程草案

一　总则

第一条　本规程之规定，凡一、二、三等各项路线均适用之。

第二条 一、二、三等各项路线，应各依照另订图形区分之。

第三条 桥梁之设计规程另订之。

第四条 各种桥梁，凡具有永久性者，应具有汽车载重总重量十三吨之能力，其属临时性者，应具有汽车载重六吨之能力。

第五条 本规程所称之平坦地，系指海拔一五〇公尺以下之平地；丘陵地，系指海拔一五〇公尺以上至三〇〇公尺之地方；其峻险崎岖，海拔在三〇〇公尺以上者，均称之为山岳地带。

二 路面宽度

第六条 公路法定之路面有效宽度，系指由路面总宽度，除去路肩宽度之谓，其路肩宽度，系指路面两傍各一公尺以上之宽度。

第七条 一等路线之宽度，依照另订之第一图形为之，惟其为山地或有特殊情形者，得照二等路标准行之。

第八条 二等路线之宽度，亦照第一图形为之，惟其为山地或有特殊情形者，其总宽度得缩小至六·五公尺。

第九条 三等路线之宽度，亦照图形为之，惟其为山地或有特殊情形者，其总宽度得缩小至五·五公尺。

第十条 凡长在二十公尺以上之桥梁及隧道之有效宽度得缩小至六公尺。

第十一条 路面上之建筑限界，依右图之规定行之。

第十二条 湾道中心线之半径，按照下列标准行之，惟有特殊情形者得在其一五公尺反向曲线之处缩小为一一公尺。

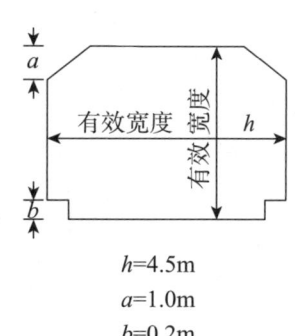

h=4.5m
a=1.0m
b=0.2m

公路种类	半径		
	平坦地	丘陵地	山岳地
一等路	三〇〇公尺以上	一五〇公尺以上	五〇公尺以上
二等路	二〇〇公尺以上	一〇〇公尺以上	四〇公尺以上
三等路	一五〇公尺以上	七五公尺以上	三〇公尺以上

第十三条 湾道中心线之长度，在平坦地为六〇公尺以上，丘陵地为四〇公尺以上，山岳地为二五公尺以上。

第十四条 安全视距，在道路之中心线上一·四公尺之高处，其标准应遵照下表为之，惟于中心线之半径，不及三〇公尺之处，得在其三〇公尺反向曲线之处缩小为二公尺。

公路种类	安全视距		
	平坦地	丘陵地	山岳地
一等路	一〇〇公尺以上	一〇〇公尺以上	六〇公尺以上
二等路	一〇〇公尺以上	九〇公尺以上	五五公尺以上
三等路	一〇〇公尺以上	八〇公尺以上	五〇公尺以上

在分段时，应于道路之中心线上一·〇公尺之高处为之。

第十五条 在湾道中心线之半径不及三〇〇公尺之处，于其湾道之内侧，按照下列标准以扩大其有效宽度，但有效宽度在九公尺以上之道路，不在此限。

半径	扩大之宽度
五〇公尺以下者	一·二公尺
一〇〇公尺以下者	〇·五公尺
二〇〇公尺以下者	〇·三公尺

第十六条 在湾道横断面坡度，限于中心线半径，不及三〇〇公尺之处，应按照下列标准，以为一侧坡度。但一侧坡度，

应按照第二十四条之规定，不得倍于横断面坡度。前述之情形，湾道与直线之横断面坡度之增培，乃沿道路外侧，以每长一公尺增培〇·一公尺之比例为标准。

半　　径	片坡度
一一〇　公尺以下者	六%
一一〇　公尺以上 一五〇　公尺以下者	三%至六%
一五〇　公尺以上 二〇〇　公尺以下者	二%至三%
二〇〇　公尺以上 三〇〇　公尺以下者	一·五%至二%

第十七条　（原文阙如）

第十八条　湾道中心线半径不及三〇〇公尺之曲线，应避免两曲线间过于接近。于两曲线间，应按照第十六条之规定，以延长其区间长度为原则。

第十九条　湾道中心线半径不及三〇〇公尺之复合曲线，除特殊地点外，务避免之，其用湾道中心线半径不及三〇〇公尺之复合曲线时，其直接两曲线半径之比，得小于2/3，湾道中心线半径，不及三〇〇公尺之同方向之二曲线间，如有不能插入长二〇公尺以上之直线区间之处，则应以单一曲线或复合曲线定之。

四　坡度

第二十条　公路之坡度，应按照下列标准，但凡具有特殊情形者，则于平坦地得为五%，于丘陵地得为六%，在山岳地得为一〇%设定之。

公路之种类	坡度		
	平坦地	丘陵地	山岳地
一等及二等路	三％以下	四％以下	五％以下
三等路	四％以下	五％以下	六％以下

第二十一条 如有坡度变更之处，应按照下列标准，而为纵断面曲线之设定。

坡度之代数差	纵断曲线长	
	平坦及丘陵地	山岳地
〇·五％以上三％以下	二〇公尺以上	一〇公尺以上
三％以上五％以下	四〇公尺以上	二〇公尺以上
五％以上七％以下	六〇公尺以上	三〇公尺以上
七％以上一〇％以下	九〇公尺以上	四〇公尺以上
一〇％以上一三％以下	一〇〇公尺以上	五〇公尺以上
一三％以上一六％以下		
一六％以上		

第二十二条 坡路之湾道中心线半径（公尺）以其坡度（％）除之，所得之数，平坦地为七·五以上，丘陵地为六·〇以上，山岳地为四·〇以上。

五 路面工程

第二十三条 路面之铺设，一等路至少中央六公尺，二等路以一边三公尺为标准。

第二十四条 公路之横断面坡度，应按照下列标准：

路面之种类	横断坡度
石子或碎石路	四％至六％
透水块石路	三％至六％
柏油三合土路	二％至三％
水泥三合土路	一·五％至二％

六 土工

第二十五条 填土（盛土）之法定坡度，在普通土砂地，为小于一五%；若高度超过二公尺，而土质地盘松软时，更应略予缓和，必要时并应设置小阶段。基层之有水流冲断之虞者，应予以适当法定保土工程之设置。

第二十六条 取土之法定坡度，其在普通土砂上者，应小于一〇%，其在高大而复土质松软之处者，应更予和缓，必要时，并应设置小阶段，基层之傍应有侧沟，小路及保土工程之设置。

第二十七条 路面位置应至少超过已知最高水位六〇公分以上。

第二十八条 凡有因雨水、泉水，而致法定路面崩坏之处，应各从事于法定路面保护工程，及小阶级小路等之设置。

第二十九条 侧沟之深度，及底宽，在五十公分以上者，其最小纵断面坡度，以〇·五%为标准。

七 交叉

第三〇条 一等路除具有特殊情形者外，与铁路新设轨道及汽车专用道路，暨类似道路之平面交叉均禁止之。

第三十一条 公路面与铁路新设轨道，汽车专用道路，及其类似道路，有平面交叉之必要时，其交叉点，除具有特殊情形者外，应以四五度以上为度。交叉闸门，前后之道路，在距离三〇公尺之间，应有较二·五%更为和缓之坡度。闸门之有效宽度，不得小于前后道路之有效宽度。

第三十二条 道路上之交叉点，其凸角以半径七·五公尺以上为标准。

第三十三条 公路必要时，应有防护栅、照明反射镜、警戒标识、指示标识等之设置。至其警戒指示、标识等路上设施，其标准另订之。

第三十四条 本规程之规定，除具有特殊情形外，悉应遵照办理之。

附表一　路线分类表

路线名称	起点	经过地点	终点	全长（公尺）	主要全长（公尺）	重用全长	桥梁全长
一等一号路	海口	文昌・嘉积・万宁・陵水・藤桥	三亚	三四〇,九〇〇	三四〇,九〇〇		三,一三〇
一等二号路	海口	澄迈—那大—海头附近北黎・黄流・崖县	三亚	四〇一,〇〇〇	四〇一,〇〇〇		四,四八五
一等三号路	海口	秀英・定安・雷鸣・童门	嘉积	一七七,七〇〇	一七一,七〇〇	七	一,一三〇
一等四号路	秀英	花场附近—临高—王五	抱舍	一七一,七〇〇	一七一,七〇〇		三,三〇〇
一等五号路	三亚	三亚港・榆林・红沙		一八,〇〇〇	一八,〇〇〇		四〇〇
计				一,〇五八,三〇〇	一,〇五一,三〇〇	七	一,五四五
二等一号路	嘉积	岭口・童塘・南间・岭门・新市・牙训	九所	二三〇・四〇〇	二三〇・四〇〇	嘉积—岭口间一等二号路重用	二,三〇五
二等二号路	抱舍	那大・白沙・牙训・万阳・乐安	藤桥	二〇五,五〇〇	二〇五,五〇〇		三,〇六〇
二等三号路	白马井	王五・那大・松涛・南坤・黄岭	南间	一三〇,五〇〇	一三〇,五〇〇		三,三〇〇
二等四号路	北黎	东方・乐安・止松岭	崖县	一五〇,五〇〇	一五〇,五〇〇		一,六〇〇
二等五号路	三江	锦山・翁田・文教	文昌	一〇四,〇〇〇	一〇四,〇〇〇		一,六〇〇
计				八二九,九〇〇	八二九,九〇〇		八,三四五

附表二 路线分类表

路线名称	区间	全长（公里）	现经架设之桥梁全长（公尺）	计划中之建筑工程全长			备考
				桥梁（公尺）	涵洞（公尺）	隧道（公尺）	
一等一号路	海口—文昌	七四·四	八二四·三	五六八	一四五		南渡江至日出桥一段系临时工程
一等一号路	文昌—嘉积	五九·二	五六七·七	七二〇	一二〇		
一等一号路	嘉积—万宁	五八·九	二九六·一	三二〇	一二〇		
一等一号路	万宁—陵水	六二·九	六三二·六	七三〇	一三五	七〇〇	
一等一号路	陵水—藤桥	三三·六	三七二·一	四四六	七五		
一等一号路	藤桥—三亚	四二·九	四一九·六	三四〇	八五	三〇〇	除三亚桥外，其余二桥系临时工程
小计		三四〇·九	三，一二·四	三，一三〇	六八〇	一，〇〇〇	
一等二号路	海口—澄迈	五二·七	一六七·〇	一三五	一〇〇		除若干桥外，其余二桥系临时工程
一等二号路	澄迈—那大	五八·四	二六二·〇	三〇〇	一二〇		
一等二号路	那大—海头附近	七五·五	二八六·〇	三〇〇	一五〇		

续表

路线名称	区间	全长（公里）	现经架设之桥梁全长（公尺）	计划中之建筑工程全长		备考
				桥梁（公尺）	涵洞（公尺）	隧道（公尺）
一等二号路	海口附近—北黎	五七·〇	八三六·〇	一，二〇〇	一二〇	
一等二号路	北黎—黄流	七九·七	一，五〇五·一	一，五一〇	一六〇	
一等二号路	黄流—崖县	四七·六	六五一·一	六七〇	九〇	
一等二号路	崖县—三亚	三九·一	三二三·六	三七〇	八〇	
小　计		四一〇·〇	四，〇四一·七	四，四八五	八二〇	
一等三号路	海口—秀英	七·〇				一等二号路重用
一等三号路	秀英—定安	四一·〇	三〇〇·〇	一，〇三〇	八〇	
一等三号路	定安—嘉积	七〇·七	一九五·〇	二〇〇	一四〇	
小　计		一一八·七	二二五·〇	一，二三〇	二二〇	
一等四号路	秀英—临高	七三·一		九〇〇	一四一	新设路线不明
一等四号路	临高—抱舍	二二·三		二五〇	四四	
一等四号路	抱舍—儋县	二九·三		二五〇	六〇	

续表

路线名称	区间	全长（公里）	现经架设之桥梁全长（公尺）	计划中之建筑工程全长			备考
				桥梁（公尺）	涵洞（公尺）	隧道（公尺）	
一等四号路	儋县—海头附近	四七·〇		八〇〇	九五		
小计		一七一·七		二，三〇〇	三四〇		除潮见小桥二〇公尺以外系临时工程
一等五号路	三亚—榆林	八·三	三四〇〇	三二〇			
一等五号路	榆林—红土炊附近	九·七	七〇〇〇	八〇	四〇		
小计		一八·〇	四一〇〇〇	四〇〇	四〇		
二等一号路	岭口—南间	三七·四		三七〇			二等路因实地调查未竣，示概数如上
二等一号路	南间—新市	四〇·〇		四〇	八二		
二等一号路	新市—牙训	三二·〇		三五〇	七〇		
二等一号路	牙训—万阳	三一·〇		三二〇	六六		

续表

路线名称	区间	全长（公里）	现经架设之桥梁全长（公尺）	计划中之建筑工程全长			备考
				桥梁（公尺）	涵洞（公尺）	隧道（公尺）	
二等一号路	万阳—乐安	三六·五		三六五	七二		
二等一号路	乐安—九所	四八·〇		四八〇	九六		
小　计		二三〇·四		一，三五〇	四六〇		
二等二号路	抱舍—那大	三三·二		三三〇	六四		
二等二号路	那大—白沙	四五·五		四六〇	九〇		
二等二号路	白沙—牙训	四〇·九		四一〇	八〇		
二等二号路	牙训—文化	四一·九		四二〇	八〇		
二等二号路	文化—保定	一八·〇		一八〇	四〇		
二等二号路	保定—藤桥	二七·〇		二七〇	五四		
小　计		二〇五·五		三，〇六〇	四一〇		
二等三号路	白马井—王五	一一·〇		一一〇	二〇		
二等三号路	王五—那大	二六·五		二七〇	五〇		
二等三号路	那大—松涛	二三·五		二四〇	五〇		

续表

路线名称	区间	全长（公里）	现经架设之桥梁全长（公尺）	桥梁（公尺）	涵洞（公尺）	隧道（公尺）	备考
二等三号路	松涛—南坤	四八·五		四九〇	一〇〇		
二等三号路	南坤—南间	二一·〇		二一〇	四〇		
小　计		一三〇·五		一,三二〇	三六〇		
二等四号路	北黎—东方	三六·〇		三六〇	七〇		
二等四号路	东方—乐安	五九·〇		五九〇	一二〇		
二等四号路	乐安—崖县	六四·五		六五〇	一三〇		
小　计		一五九·〇		一,六〇〇	三二〇		
二等五号路	三江—锦山	二八·〇		三〇〇	六〇		
二等五号路	锦山—翁田	二一·〇		二一〇	四〇		
二等五号路	翁田—文教	三五·〇		三五〇	七〇		
二等五号路	文教—文昌	二〇·〇		二〇〇	四〇		
小　计		一〇四·〇		一,〇六〇	二一〇		

附表三之一　重要资材总表

路线名称	钢材（吨）	水泥（吨）	木料（吨）	卵石（六方公尺）	碎石（立方公尺）	砂（立方公尺）
一等一号路	一,八九〇·〇	一一,四六八·〇	一〇,四七九	三四〇,九〇〇·〇	六一〇,〇二五·〇	三〇五,〇一三·〇
一等二号路	二,六五二·五	一三,六九七·〇	八,九九五	四一〇,〇〇〇·〇	七三七,八六八·〇	三六五,九四四·〇
一等三号路	七二五·〇	三七,〇三二·〇	二,四四七	一〇,七〇·〇	一九七,四五〇·〇	九八,八三五·〇
一等四号路	一,三二〇·〇	五八,六二四·〇	四,一八七	一七,七〇·〇	三〇九,六五〇·〇	一五四,八二五·〇
一等五号路	二二〇·〇	六,六二四·〇	六〇〇·〇	一八,〇〇〇·〇	三三,六六〇·〇	一六,八三〇·〇
小　计	六,八〇八·三	三五三,六八五·〇	二六,七〇八·〇	一,〇五一,三〇·〇	一,八八二,九〇·〇	九四一,四七·〇
二等一号路	一,三五九·五	四一,七五一·〇	四,八三九	一八四,三〇·〇	二二五,三三·〇	一一二,六六九·〇

续表

路线名称	钢材（吨）	水泥（吨）	木料（吨）	石料 卵石（立方公尺）	碎石（立方公尺）	砂（立方公尺）
二等二号路	1,215.0	37,251.0	4,320.0	164,200.0	201,015.0	100,580.0
二等三号路	777.0	23,691.0	2,755.0	104,400.0	127,740.0	63,870.0
二等四号路	944.0	28,917.0	3,355.0	127,600.0	156,030.0	78,015.0
二等五号路	625.0	18,906.0	2,210.0	83,600.0	102,315.0	51,158.0
小　计	4,921.0	150,564.0	17,490.0	664,320.0	812,480.0	406,220.0
计	1,719.0	504,210.0	44,187.0	1,750,620.0	2,659,860.0	1,347,095.0

附表三之二　重要资材总表

路线名称	炸药（吨）	雷管（个）	导线（公尺）	洋钉（吨）	铁线（吨）	备考
一等一号路	一五・〇	八〇〇,〇〇〇・〇	四〇〇,〇〇〇・〇	二一〇・〇	九〇・〇	卵石、碎石之开采及隧道工程用火药，及模型用洋钉等，均包括在内。
一等二号路	一一・〇	七七〇,〇〇〇・〇	三八五,〇〇〇・〇	一八〇・〇	一〇〇・〇	
一等三号路	三〇・〇	二一〇,〇〇〇・〇	一〇五,〇〇〇・〇	五〇・〇	四〇・〇	
一等四号路	四八・〇	三五〇,〇〇〇・〇	一七五,〇〇〇・〇	八〇・〇	五〇・〇	
一等五号路	六・〇	五〇,〇〇〇・〇	二五,〇〇〇・〇	一二・〇	一七・〇	
二等一号路	四一・〇	三〇〇,〇〇〇・〇	一五〇,〇〇〇・〇	一〇〇・〇	四六・〇	
二等二号路	三七・〇	二八〇,〇〇〇・〇	一四〇,〇〇〇・〇	八六・〇	四五・〇	
二等三号路	二三・〇	二一〇,〇〇〇・〇	一〇五,〇〇〇・〇	六六・〇	三三・〇	
二等四号路	二九・〇	二一〇,〇〇〇・〇	一〇五,〇〇〇・〇	六七・〇	三三・〇	
二等五号路	二〇・〇	一四〇,〇〇〇・〇	七〇,〇〇〇・〇	四五・〇	三〇・〇	
合　计	四六〇・〇	三,三二〇,〇〇〇・〇	一,六六〇,〇〇〇・〇	八九〇・〇	四七〇・〇	

附表四　路线别重要物资（钢料）估计分类表

路线名称	公路全长（公里）	架换桥梁全长（公尺）	沟渠及涵洞全长（公尺）	隧道（公尺）	所需钢料				合计（吨）
					桥梁（吨）	涵洞（吨）	隧道（吨）	路面（吨）	
一等一号路	三四〇·九	三,一三〇·〇	六八〇·〇	一,〇〇〇·〇	一,五六五·〇	二五六·〇	一八·〇	六八·〇	一,八〇九
一等二号路	四一〇·〇	四,四八五·〇	八二〇·〇		二,二四三·五	三二八·〇		八二·〇	二,六五三·五
一等三号路	一一〇·〇	一,二二〇·〇	二二〇·〇		六二五·〇	八八·〇		三二·〇	七二五·〇
一等四号路	一七一·七	二,三〇〇·〇	三四〇·〇		一,一五〇·〇	一三六·〇		三四·〇	一,三二〇
一等五号路	一八一·〇	四〇〇·〇	四〇〇·〇		二〇〇·〇	一六·〇		四·〇	二二〇·〇
小　计	一,〇五一·三	一一,五三五·〇	二,四〇〇·〇	一,〇〇〇·〇	五,七八三·五	八二四·〇	一八·〇	二二〇·〇	六,八八五·五
二等一号路	二三〇·四	二,三〇五·〇	四六〇·〇		一,一五〇·〇	一八四·〇		一三〇·〇	一,三九五·〇

续表

路线名称	公路全长（公里）	架换桥梁全长（公尺）	沟渠及涵洞（公尺）	隧道（公尺）	所需钢料				合计（吨）
					桥梁（吨）	涵洞（吨）	隧道（吨）	路面（吨）	
二等二号路	二〇五·五	二,〇六〇·〇	四一〇·〇		一,〇三〇·〇	一六四·〇		二一·〇	一,二一五·〇
二等三号路	二三〇·五	一,三二〇·〇	二六〇·〇		六六〇·〇	一〇四·〇		一三·〇	七七七·〇
二等四号路	一五九·五	一,六〇〇·〇	三二〇·〇		八〇〇·〇	一二八·〇		一六·〇	九四四·〇
二等五号路	一〇四·〇	一,〇六〇·〇	二一〇·〇		五三〇·〇	八四·〇		一一·五	六二五·五
小计	八二九·九	八,三四五·〇	一,六六〇·〇		四,一七三·〇	六六四·〇		八四·五	四,九二一·〇
合计	一,八八一·三	一九,八八〇·〇	三,七六〇·〇	一,〇〇〇·〇	六,九五二·〇	一,四八八·〇	一八·〇	二九四·五	一一,七九二·三

注　桥梁及涵洞概用钢骨三合土建筑。

附表五　路线别重要物资（水泥）估计分类表

路线名称	全长（公里）	架换桥梁全长（公尺）	沟渠及涵洞全长（公尺）	隧道（公尺）	所需水泥				
					路面（吨）	桥梁（吨）	涵洞（吨）	隧道（吨）	计（吨）
一等一号路	三四〇·九	三、一二〇	六八〇·〇	一、〇〇〇	一〇二、二七〇	九、三九〇	四〇八·〇	二、四〇〇·〇	一一四、四六八·〇
一等二号路	四一〇·〇	四、八四五	八二〇·〇		一二三、〇一五	一三、四五五	四九二·〇		一三六、九四七·〇
一等三号路	一一〇·七	一、三三二	二二〇·〇		三三、二一〇	三、六九五	一三二·〇		三七、〇三二·〇
一等四号路	一七一·七	二、三三〇	三四〇·〇		五一、五一〇	六、九〇五	二〇四·〇		五八、六一九·〇
一等五号路	一八〇·〇	四〇〇〇·〇	四〇〇·〇		五四、〇〇〇	一、二三〇	一、二三六		六六、六二三·〇
小计	一、〇五一·三	一、五四五	二、一〇〇·〇	一、〇〇〇	三一五、三九〇	三四、六七五	一、二三六	二、四〇〇·〇	三五三、六八五·〇
二等一号路	二三〇·四	二、三〇五	四六〇·〇		三四、五六〇	六、九一〇	二七六·〇		四一、七四九·〇

228 | 海南岛资源之开发

续表

路线名称	全长（公里）	架换桥梁全长（公尺）	沟渠及涵洞全长（公尺）	隧道（公尺）	所需水泥				计（吨）
					路面（吨）	桥梁（吨）	涵洞（吨）	隧道（吨）	
二等二号路	二〇五・五	二,〇六〇・〇	四一〇・〇		三〇,八二五	六,一八〇・〇	二四六・〇		三七,二五一・〇
二等三号路	一三〇・五	一,三二〇・〇	二六〇・〇		一九,五七五	三,九六〇・〇	一五六・〇		二三,六九一・〇
二等四号路	一五九・五	一,六〇〇・〇	三二〇・〇		二三,九二五	四,八〇〇・〇	一九二・〇		二八,七〇六・〇
二等五号路	一〇四・〇	一,〇四〇・〇	二一〇・〇		一五,六〇〇	三,一八〇・〇	一二六・〇		一八,九〇六・〇
小计	八二九・九	八,三四五・〇	一,六六〇・〇		一二四,四八五	二五,〇三五・〇	九九六・〇		一五〇,五一六・〇
计	一,八八一・二	一九,八九〇・〇	三,七六〇・〇	一,〇〇〇・〇	四三九,八七五	五九,六〇〇・〇	三,二五六・〇	三,〇〇〇・〇	五〇四,二〇四・〇

附表六　铺设路面用石料及木料估计分类表

路线名称	全长 （公里）	铺路用材料				隧道用材			备考
		卵石 （立方公尺）	碎石 （立方公尺）	砂 （立方公尺）	木材 （立方公尺）	碎石 （立方公尺）	砂 （立方公尺）	木材 （立方公尺）	
一等一号路	三四〇·九	三四〇〇·〇〇	五七九〇·〇〇	二八九六·五〇	三四〇·〇〇	六〇·〇〇	三·〇〇	三·六〇	
一等二号路	四一〇·〇	四一〇〇·〇〇	六九七〇·〇〇	三四八五·〇〇	四一〇·〇〇				
一等三号路	一一〇·七	一一〇七·〇〇	一八八一·九〇	九四〇·〇五	一一〇·七〇				
一等四号路	一七一·七	一七一七·〇〇	二九一九·九〇	一四五九·四五	一七一·七〇				
一等五号路	一八〇·〇	一八〇〇·〇〇	三〇六〇·〇〇	一五三〇·〇〇	一八〇·〇〇				
小计	一,〇五一·三	一〇,五〇三·〇〇	一,七八七·三〇	八,九六三·〇五	一,〇五一·三〇	六〇·〇〇	三,〇〇·〇〇	三,六〇·〇〇	
二等一号路	二三〇·四	一八四〇·〇〇	二〇七六·三〇	八〇三·六〇	二三〇·四〇				

续表

路线名称	全长（公里）	铺路用材料				隧道用材			备考
		卵石（立方公尺）	碎石（立方公尺）	砂（立方公尺）	木材（立方公尺）	碎石（立方公尺）	砂（立方公尺）	木材（立方公尺）	
二等二号路	二〇五・五	一六四、四〇〇・〇	一八四、九五〇・〇	九二、四七五・〇	二、〇五〇・〇				
二等三号路	一三〇・五	一〇四、四〇〇・〇	一一七、四五〇・〇	五八、七二五・〇	一、三〇〇・〇				
二等四号路	一五九・五	一二七、六〇〇・〇	一四三、五五〇・〇	七一、七七五・〇	一、五九五・〇				
二等五号路	一〇四・五	八三、六〇〇・〇	九四、〇五〇・〇	四七、〇二五・〇	一、〇四五・〇				
小计	八二九・九	六六四、三〇〇・〇	七四七、三六〇・〇	三七三、六八〇・〇	八、三〇・〇				
合计	一、八八一・三	一、七一五、六二〇・〇	二、五四〇、五七〇・〇	一、二七〇、二八五・〇	一八、八一七・〇				

附表七　桥梁涵洞用石料及木材估计分类表

路线名称	架换全长		桥梁			涵洞			小计		
	桥梁（公尺）	涵洞公尺	碎石（立方公尺）	砂（立方公尺）	木料（立方公尺）	碎石（立方公尺）	砂（立方公尺）	木料（立方公尺）	碎石（立方公尺）	砂（立方公尺）	木料（立方公尺）
一等一号路	三,二五〇·〇	六八〇·〇	一三,七六五·〇	一,七三八·〇	三,一二五·〇	一,〇二〇·〇	五一五·〇	三四〇·〇	一四,七八五·〇	二,二五三·〇	三,四六五·〇
一等二号路	四,四八五·〇	八二〇·〇	三三,二六〇·〇	一,六八九·〇	四,一〇四·〇	一,二三〇·〇	六一五·〇	四一〇·〇	三四,四九〇·〇	二,三〇四·〇	四,五一四·〇
一等三号路	一,二二〇·〇	二二〇·〇	三,八三三·〇	一,六一一·〇	二,一二三·〇	九,五六〇·〇	一,六〇〇·〇	一一〇·〇	九,五八〇·〇	七,一四〇·〇	二,二三四·〇
一等四号路	二,二三〇·〇	三四〇·〇	一七,五一五·〇	八,六四二·〇	二,三二三·〇	五,一三〇·〇	二,一五〇·〇	一七〇·〇	一八,七六三·〇	八,八一二·〇	二,四三七·〇
一等五号路	四〇〇〇·〇	四〇〇·〇	三,〇〇五·〇	一,五〇〇·〇	四〇〇·〇	六〇〇·〇	三〇〇·〇	二〇〇·〇	三,〇六〇·〇	一,五〇二·〇	四〇二·〇
小计	一,五四〇〇·〇	二,一〇〇·〇	八六,八八〇·〇	四三,九五〇·〇	三,一一五·〇	一,五七〇·〇	一,〇五〇·〇	四七〇·〇	八八,七〇〇·〇	四四,〇〇〇·〇	九,五二三·〇
二等一号路	二,三二〇·五	四六〇·〇	一七,八八〇·〇	二,八六四·〇	二,三三五·〇	六九〇·〇	三四五·〇	二三〇·〇	一八,五八〇·〇	九,一二八·〇	二,五〇〇·〇

续表

路线名称	架换全长		桥梁			涵洞			小计		
	桥梁（公尺）	涵洞公尺	碎石（立方公尺）	砂（立方公尺）	木料（立方公尺）	碎石（立方公尺）	砂（立方公尺）	木料（立方公尺）	碎石（立方公尺）	砂（立方公尺）	木料（立方公尺）
二等一号路	二,〇八〇	四〇六.〇	一五,四〇〇	七,一二五	一,〇〇〇.〇	六一五.〇	三八〇.〇	二〇一.〇	一六,〇六五.〇	八,三二五.〇	一,二〇一.二五
二等二号路	一,三二二	二六〇.〇	九,九〇〇	四,九四五	一,三二〇.〇	三九〇.〇	一九五.〇	一三〇.〇	一〇,二九〇.〇	五,一四〇.〇	一,四五〇.〇
二等三号路	一,六〇〇	三二〇.〇	一二,〇〇〇	六,〇〇〇	一,六〇〇.〇	四八〇.〇	二四〇.〇	一六〇.〇	一二,四八〇.〇	六,二四〇.〇	一,七六〇.〇
二等四号路	一,〇八〇	二一〇.〇	七,九五〇	三,九七五	八,〇八〇.〇	三一五.〇	一五八.〇	一〇五.〇	八,二六五.〇	四,一三三.〇	一,一八五.〇
二等五号路	八,三四五	一,六六〇.〇	六二,五〇〇	三一,二五〇	八,三四五.〇	二,四九〇.〇	一,二四〇.〇	八三〇.〇	六五,〇七八.〇	三二,五一四.〇	九,一七五.〇
小计	一九,八四五	三,八五六.〇	一四八,九四九	七四,四八九	一九,三四五.〇	六,四八〇.〇	三,二一三.〇	二,一八八.〇	一五四,四〇〇.〇	七七,七〇二.〇	二一,四八一.二五
计	九〇,九五	七,八三〇.〇	二七六.八九	一三八,四八九	三二,一八八.〇	八,一九〇.〇	四,一〇〇.〇	二,七七〇.〇	二八五,〇七九.〇	一四二,五八九.〇	三四,九五八.〇

附表八　所需劳工估计总表（器械运输除外）

路线名称	劳工数						材料采取及搬运劳工				计
	公路	桥梁	涵洞	隧道	铁料加工	模型	碎石	砾石	砂	搬运水泥	
一等一号路	四,六〇三,一五〇	二四,七五〇	一三,一六〇	二〇〇,〇〇〇	五,六七二	一二〇,一五	九,一五〇,七五	二,〇四五,〇〇	九一五,〇三九	二二八,九三六	一七,五一七,三七
一等二号路	五,八二三,七五〇	三二六,三七五	一六,四〇〇		七,九五八	一二〇,八一五	一〇,四七八,〇二〇	三,四六〇,〇〇〇	一,七〇八,〇二	二七三,八九四	二一,六六七,四
一等三号路	一,四九四,四五〇	九二,三〇〇	四,四〇〇		二,一七五	二,一二五,〇八五	三,九六六,一七五	六四四,〇〇〇	二九六,六一	七四,〇六四	五,六九一,八
一等四号路	二,三一七,九五〇	一七二,五〇〇	六,八〇〇		三,九六〇	四四四,八五	四,六四四,五〇〇	一,三二〇,〇〇〇	四六四,八五	一一,二三八	八,八〇二,六五八
一等五号路	二,四三二,三〇〇	三〇,〇〇〇	八,〇〇〇		六六〇	七,一〇〇	五,〇四,九〇〇	一,八〇〇,〇〇〇	五〇,四九〇	一二,一四八	九五五,一九八

续表

路线名称	劳工数						材料采取及搬运劳工				计
	公路	桥梁	涵洞	隧道	铁料加工	模型	碎石	砾石	砂	搬运水泥	
小计	一四、四八二、三〇〇	八六五、八七五	四二、〇〇〇	二〇〇、〇〇〇	二〇、四二五	二八九、六六〇	一八、四四三、二〇〇	二六、一〇七、八〇〇	三、二八四、三五	七〇七、三七〇	五三、九八四、〇八五
二等一号路	二、三〇四、〇〇〇	一七二、八七五	六、九〇〇		四、〇七九	四八、三九五	三、三八一、〇七〇	五、九二〇	三三八、〇〇七	八三、五〇二	七、四三七、四八
二等二号路	二、〇五五、〇〇〇	一五四、五〇〇	六、一五〇		三、六四五	四三、二二五	三、〇一五、七二五	九八六、四〇〇	三〇一、五二四	七四、五〇二	六、六四〇、一七一
二等三号路	一、三〇五、〇〇〇	九九、〇〇〇	三、九〇〇		二、三一三	二三七、八五〇	一、九六六、〇〇	六二六、四〇〇	一九一、六一〇	四七、三八二	四、二一九、五七三

续表

路线名称	劳工数				材料采取及搬运劳工						计
	公路	桥梁	涵洞	隧道	铁料加工	模型	碎石	砾石	砂	搬运水泥	
二等四号路	一，九九五，〇〇〇	一二〇，〇〇〇	四，八〇〇		二，八三三	三，五二三	二，三四〇，四五〇	七六五，六〇〇	二三四，〇四五	五七，八三四	五，一五四，一三六
二等五号路	一，〇四〇，〇〇〇	七九，五〇〇	三，一五〇		一，八七五	二，一一五	一，五四〇，七二五	五〇一，六〇〇	一五三，四七四	三七，八二一	三，三七〇，三二一
小计	八，二九九，〇〇〇	六二五，八七五	二四，九〇〇	二〇〇，〇〇〇	一四，七六二	一七五，一二〇	一二，六五七〇	三，九五，九二〇	八一，六〇	三〇一，〇三三	二六，一八三，九九九
计	三，七一八，三〇〇	一，四九一，七五五	六六，九〇〇	二〇〇，〇〇〇	三五，八三七	四一四，八八〇	四〇三，四三〇，七九〇	一〇，二九七，三二〇	四，〇四三，〇九〇	一，〇〇八，四〇二	八〇，八一六，〇二四

附表九　工程用劳工估计分类表

路线名称	公路全长	桥梁全长	涵洞全长	隧道全长	所需劳工人数					
					土工	路面	桥梁	涵洞	隧道	计
一等一号路	三四〇,九〇〇	一二,六八〇	一,〇〇〇	一,〇〇〇	二,五五七,七五〇	二,〇四〇,〇〇〇	一三四,七五〇	一三,六〇〇	二〇〇,〇〇〇	三,〇九一,五〇〇
一等二号路	四一〇,〇〇〇	四,八〇五	八二〇		三,三六三,七五〇	二,四八〇,〇〇〇	三三六,三七五	一六,四〇〇		六,一七六,五二五
一等三号路	一〇七,〇〇〇	一,二三〇	二二〇		八三〇,三五〇	二六六,四〇〇	二九二,三〇〇	四,四〇〇		五,九一,〇〇〇
一等四号路	一七,七〇〇	三三,〇〇〇	三四〇		一,二八七,五〇〇	一,〇三,二〇〇	一七二,五〇〇	六,八〇〇		二,四九七,二五〇
一等五号路	一八,〇〇〇	四〇〇	四〇〇		一三五,〇〇〇	一〇八,〇〇〇	三〇,〇〇〇	八,〇〇〇		二七三,〇〇〇
小计	一,〇五,三〇〇	二,五四〇	二,一八〇	一,〇〇〇	八,一七四,五〇〇	六,三〇七,八〇〇	八六五,八七五	四二,〇〇〇	二〇〇,〇〇〇	一五,五九〇,一七五

续表

路线名称	公路全长	桥梁全长	涵洞全长	隧道全长	所需劳工人数					
					土工	路面	桥梁	涵洞	隧道	计
二等一号路	二三〇,四〇〇	二,三〇五·〇	四六〇·〇		一,三八二,四〇〇	九二一,六〇〇	一二二,八七五	六,九〇〇		二,四八三,七七五
二等二号路	二〇五,五〇〇	一,一六一·〇	四一〇·〇		一,二三三,〇〇〇	八二二,〇〇〇	一五四,五〇〇	六,一五〇		二,二一五,六五〇
二等三号路	一三〇,五〇〇	一,三二六·〇	二六〇·〇		七八三,〇〇〇	五二二,〇〇〇	九九,〇〇〇	三,九〇〇		一,四〇七,九〇〇
二等四号路	一五九,五〇〇	一,六三二·〇	三二〇·〇		九五七,〇〇〇	六三八,〇〇〇	一二〇,〇〇〇	四,八〇〇		一,七一九,八〇〇
二等五号路	一〇四,九〇〇	一,〇六二·〇	二一〇·〇		六二四,〇〇〇	一,六〇〇	七九,五〇〇	三,一五〇		一,二一二,六五〇
小计	八二九,八〇〇	八,三四一·〇	一,六六〇·〇		四,九七五,〇〇〇	三,一一九,六〇〇	六五二,八七五	二四,九〇〇		八,九四九,七七五
计	一,八八九,九〇〇 一,二〇〇,〇〇〇	一九,八八〇·〇	七六二·〇	二·〇	一三,一三九,〇〇〇 九,六四七,四〇〇	一,九〇〇	一,四〇九·七〇 五〇	六六,九〇〇	二〇〇,〇〇〇	二四,五三九,九五〇

附表十　开采材料及搬运所需劳工估计分类表

（汽车运费不包括在内）

路线名称	材料					劳工（开采、加工及运输在内）					计
	碎石	卵石	砂	铁料	水泥	碎石	卵石	砂	铁料	水泥	
一等一号路	六〇、〇二五・〇	三四〇、九〇〇・〇	三〇五、〇一三・〇	一、八九〇・〇	一四、四六八・〇	九、一五〇、三七五	一二、〇四五、四〇〇	九、一五〇、一三〇	五、六七二	二八、九三六	一二、三四五、四二一
一等二号路	七二、八六六・〇	一四〇、〇〇〇・〇	三六二、五三四・〇	二、六二三・〇	一三、六九七・〇	一〇、九七五	一二、〇〇〇	一〇、八〇二	七、九五八	二七、三九四	一四、八七六、四二二
一等三号路	一、九七四	四一〇、九	九八、八	七二〇・〇	三七、二〇〇・〇	二、九	六六六、	二九六、	二、一	七四、	四、〇
七四五	〇〇〇・〇	七三〇・〇			七五	二〇〇	六一九	七五	〇六六	二三三	
一等四号路	三〇九、	一七〇、七	一五四、	一、二一〇・〇	五八、六四〇・〇	四六四、	一、〇	四六四、	三、九	一一、七	六、二
六五〇・〇	〇〇〇・〇	一五〇・〇			四八八	三〇〇	四四七	八〇	一八	六六、一二	

续表

路线名称	材料					劳工（开采、加工及运输在内）					计
	碎石	卵石	砂	铁料	水泥	碎石	卵石	砂	铁料	水泥	
一等五号路	三三,六六〇·〇〇	一八,〇〇〇·〇〇	一六,八三〇·〇〇	一,二〇〇·〇〇	六,六二四·〇	五〇,四二九	一〇八,〇〇〇	三〇,四九〇	六八〇	一三,二四八	六七七,二九八
小计	一,八八二,四八〇·〇	一〇,五〇〇·〇〇	九四一,四七五·〇	六六,八八三	三五三,六八〇	二,八二,二四三五	六三〇,七八〇	二八,二四,二四五	二〇,四二五	七〇,七三〇	三八一,〇四,二五〇
二等一号路	二二,五三三,八〇·〇	一八四,三二〇·〇〇	一,一二六,六九〇·〇	一,三五,九〇·五	四一,七五〇	三,八〇,〇七〇	一,五,九二〇	三三,〇〇七	八四,〇七九	八三,五四〇二	四,九一,五七八
二等二号路	二〇,一〇,一五〇·〇	一六四,〇〇〇·〇〇	一〇〇,五〇八〇·〇	一,二一,五〇·〇	三七,二一五	三,一二,七五	九八六,四〇〇	三〇一,五二四	一,二二,六四五	七四,五〇二	四,八一,二九六
二等三号路	一二七,七四〇·〇〇	一〇四,〇〇〇·〇〇	六三,八七〇·〇	七七,〇〇	三三,六九一·〇	一,九一,六〇〇	六二,六〇〇	一九〇,六〇三	三一,三一	四七,三八一	三,八八,三三

续表

路线名称	材料					劳工（开采、加工及运输在内）					计
	碎石	卵石	砂	铁料	水泥	碎石	卵石	砂	铁料	水泥	
二等四号路	一五六,〇三〇·〇	一二七,六〇〇·〇	七〇,〇一五·〇	九四,四〇·〇	二八,九一七·〇	二,三四〇,四五〇	七六五,六〇〇	二三四,〇四五	二,八三〇	五七,八二四	三,四〇〇,七六一
二等五号路	一〇二,三一五·〇	八三,六〇〇·〇	五一,一五八·〇	六二,五二五·〇	一八,九〇六·〇	一,五三四,七二五	五〇一,六〇〇	一五三,四七四	一,八七五	三七,八一二	二,二九,四八四
小计	八,一二三,四三八·〇	六六六,四三〇三·〇	四〇六,三二二·〇	四,九二一·〇	一五〇,五一六·〇	一,二三,九八五,七〇	一,八六,九二〇	四七一,一八一,六六	一,四七六,七二	三〇一,〇三二	一七,七〇六,九四四
计	三六,二五,三一六六·〇	一,七一五,六二〇·〇	一,三四七,八九五·〇	七二,九六·三	二三〇,二一一·〇	四〇,二四〇,六九〇	一,二九三,七二〇	四,〇四三,〇九五	三五,一八七	一,〇八,四〇二	五五,八一,一九六

附表十一　所需木材及加工劳工估计分类表

路线名称	木料					劳工数					备考
	公路	桥梁	涵洞	隧道	计	公路	桥梁	涵洞	隧道	计	
一等一号路	三,四〇九.〇	三,一二〇.〇	三四〇.〇	三,六二八.〇	一〇,五〇七.〇	一七,〇四五	四五,九五〇	三,四〇〇	五四,二四〇①	一二〇,八一五	
一等二号路	四,一〇〇.〇	四,八五〇.〇	四一〇.〇		八,九五〇.〇	二〇,五〇〇	六七,二七五	四,一〇〇		九一,八七五	
一等三号路	一,七一七.〇	一,二三〇.〇	一一〇.〇		三,〇五七.〇	三,五三五	一八,四五〇	一,一〇〇		二三,〇八五	
一等四号路	一,七三〇.〇	一,二三〇.〇	一七〇.〇		四,一七〇.〇	八,五八五	三四,五〇〇	一,七〇〇		四四,七八五	
一等五号路	一,八〇〇.〇	四〇〇.〇	二〇〇.〇	三,六二八.〇	六,〇〇〇.〇	九,一〇〇	六,〇〇〇	二〇〇		七,一〇〇	
小计	一〇,三一二.〇	一一,五四〇.〇	一,〇五〇.〇	三,二八〇.〇	二六,七〇〇.〇	五二,五六五	一七二,一七五	一〇,五〇〇	五四,二四〇	二八九,六六〇	

① 此处隧道劳工数一项（54240），其后"小计"及"计"皆作"54420"，疑误。——编者

续表

路线名称	木料					劳工数					备考
	公路	桥梁	涵洞	隧道	计	公路	桥梁	涵洞	隧道	计	
二等一号路	一、三〇四·〇	一、三〇五·〇	二二〇·〇		四、八九〇·〇	一、一五〇	三四、五七五	二、三〇〇		四八、三九五	
二等二号路	一、〇五五·〇	一、〇六〇·〇	二〇五·〇		四、三二〇·〇	一、〇二五	三〇、九〇〇	一、〇五〇		四三、二五〇	
二等三号路	一、三二五·〇	一、三三〇·〇	一二〇·〇		二、七五〇·〇	六、七五〇	一九、八〇〇	一、二五〇		三一、八五〇	
二等四号路	一、五九五·〇	一、六〇五·〇	一六〇·〇		三、三五〇·〇	七、九七五	二四、〇〇〇	一、六〇〇		三三、一七五	
二等五号路	一、〇六五·〇	一、〇六〇·〇	一〇五·〇		二、二五〇·〇	五、二五〇	一五、九〇〇	一、〇五〇		二二、一七五	
小计	八、三四〇·〇	八、三四五·〇	八三〇·〇	三、六二八·〇	一七、四七九·〇	四一、七四五	一二五、一七五	八、三〇〇	五四〇	一七五、二二〇	
计	一八、八一七·〇	一九、八九〇·〇	一、八八〇·〇	二八、二〇·〇	四四、一五·〇	九三、四一〇	二九七、三五〇	一八、〇〇〇	四二〇	四六四、八八〇	

第十一章 内河运输计划

第一节 本岛内河概况

岛内河流，皆发源于中部之五指岭，南渡江贯其东北，万泉溪导乎东部，陵水溪横亘东南，昌化江蜿蜒西部，北门江出其西北，各该河流又复分为安仁溪、文昌溪、龙溪河、大阳溪、金仙河、藤桥溪、三亚水、宁远溪、望楼溪、感恩溪、文澜水等河流。南渡江、昌化大江、万泉溪、宁远溪及陵水溪，即号称五大河流者是也。在此五大河流中，尤以南渡、昌化、万泉三江为最著。此三大河流，其面积共约一五、九〇〇平方公里，占全岛总面积（三四、〇〇〇平方公里）四七％，各河流沿岸，市镇星罗，贸易繁盛，水陆交通，颇称便利，各河水流缓慢，地势平衍，两岸甚高，虽有洪水，受害亦鲜，可免筑堤修改之烦。

第二节 航运现况

其一 南渡江

海口为本岛第一商业都市，位于南渡江口，乃对内对外物资之集散地也。其沿江上游地区，定安产米、猪等；东山产麻类及谷类等，澄迈、瑞溪产豆类、烟叶及米；龙塘产柴炭、缸瓦等。各市镇间，均以其所产，互通贸易，得天然航运之便。

然从现在情形观之，该江以向未改良，故在五月至十二月间，水涨时期，仅能航运八千斤货物而已。若在一月至四月间，水退时期，其航运载重量仅及水涨时期半数而已。

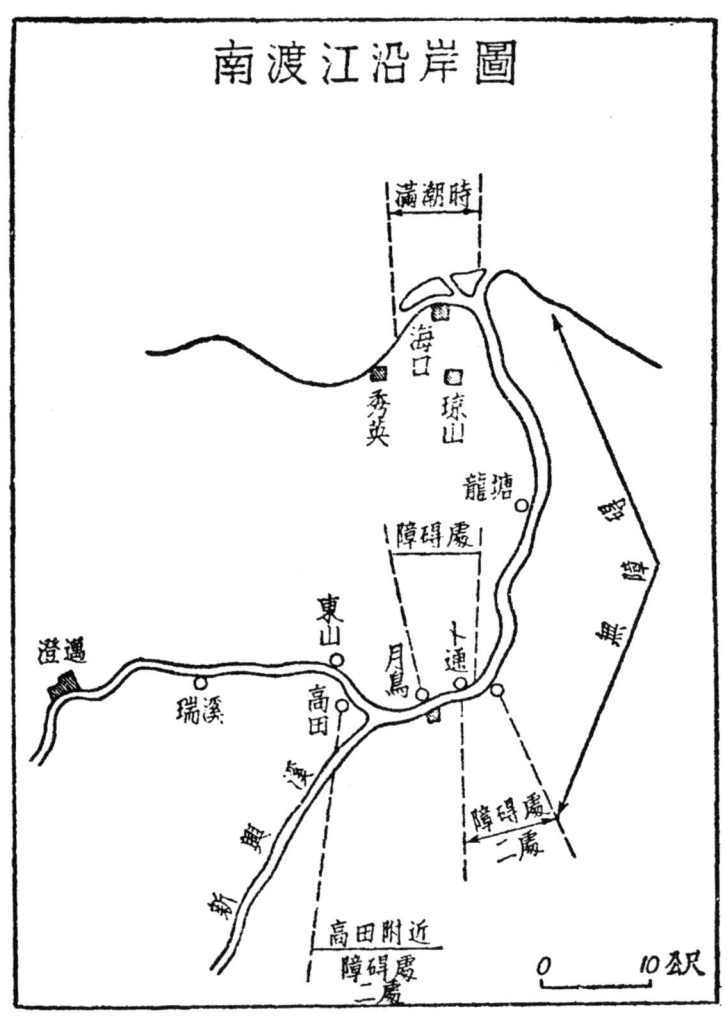

该江航路，由海口至白沙间，涨潮时，方可航行，白沙至巡崖间以水较深，航行尚无阻碍，惟自巡崖至卜通间，有浅滩两处，卜通至月岛间，有浅滩四处，高田附近，亦有浅滩二处，故在此地区，当水退之际，航运难免发生障碍。闻每一浅滩，其长度约为五〇至六〇公尺左右云。

其二　万泉溪

该河沿岸，系属多雨地带，水量丰足，故其农产物，为本岛首富之区，且得天然航运之便，本岛第二大都会——嘉积市，即位于该河沿岸，乃物资集散地也。石壁附近所产之树胶、槟榔、木材、麻等，亦运至该市，转往河口之乐会，其水路载重量，每次为三千余斤，航运颇称利便。

次就航路分布状况言之，乐会至嘉积间，当水退之际，其深度仍有〇·六至〇·九公尺，故航运可不至发生障碍。至嘉积至石壁间，其详细情形，尚未查明，然依照流量表推测之，当无大碍也。

其三　陵水溪、文昌溪、宁远溪、昌化大江等河流

从河口起至五公里或六公里处以内，可通舟楫。

第三节　计划概要

其一　方针

如上所述，内河中得航运上天然利便者，厥为南渡江与万泉溪两大河流，其他内河，天然利便殆不甚著。万泉溪一河，从其

河流状况测之,当可施以与南渡江类似计划,以建设之。今该河航路,尚未经详细查明,仅能述其概略而已。

此外,南渡江沿岸航路,业经实施查勘,当时以有沿岸人士,供给资料,故较易明悉。今后该河低水位时,装载量之增加,在可能范围内,应予加意改良也。

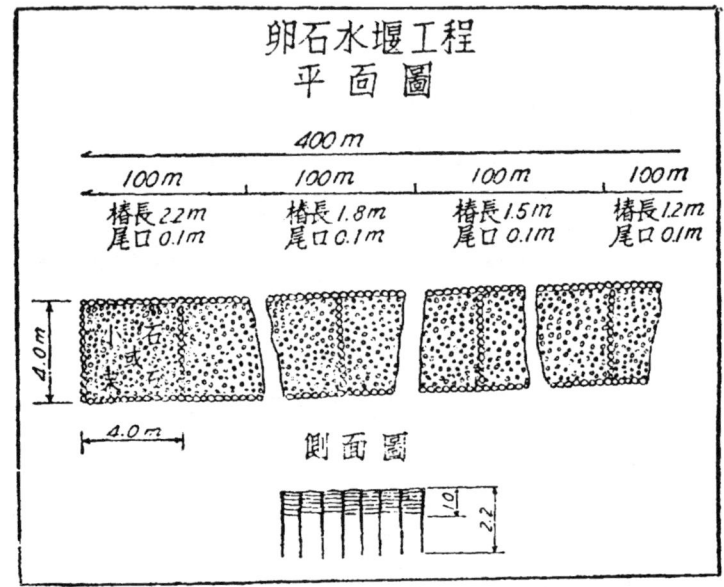

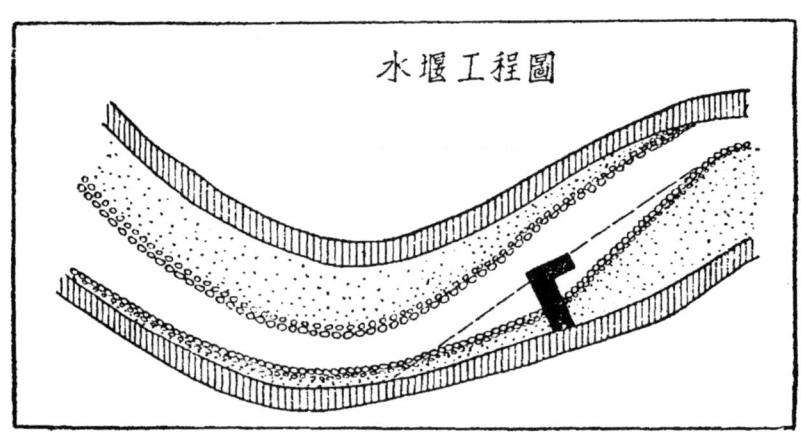

其二 施工法

各河流之施工，第一步应先令其水流畅通，惟各河床，均属砂地，流砂甚多，畅通之效，实不易获，不如采用他法先增河宽（河床宽度）以杜滩浅，并增水深，以缓流速。即小石不透水堰，与护脚工程（并行工），可并用也。当该项工程计划实施之际，务须适应各部河床宽度、流速及其他状况，以决定水制之方向、角度、长度及其突出部分工程法则。

上项计划，当实施之先，应有实测调查之必要，今假定河床宽度，平均为五〇〇公尺，低水路之水深，为一・〇公尺，流速每秒为〇・五公尺，低水路之宽度，尚余八〇至一〇〇公尺，其节水堰长度四〇〇公尺，上部宽度为四公尺，其栅以桩木为之，内侧以小石，或卵石填之，栅工之桩木，突出部分长度约以二・二尺或一・八公尺、一・二公尺为度，应筑于低水位下，其突出部分，则以抛石工程保护之。

此项工程，系以通航为目的，应以最小资本，获最大效用为原则，其位置自与内河仅以堤防护岸为目的者异致，务于内河全部保持平衡，施工基面，不使过高之原则下，以求其高度之决定。

其三 工程设计估计表

种目	细别	尺寸			数量	单位	摘要
		长度（公尺）	宽度（公尺）	粗（公尺）			
水堰工		四〇〇・〇			八・〇	处	总长三、二〇〇公尺 两边共长六、四〇〇公尺 参考第二图

续表

种目	细别	尺寸			数量	单位	摘要
		长度（公尺）	宽度（公尺）	粗（公尺）			
水堰工	桩木	二·二		下口 〇·一	三、三六〇·〇	根	一处一〇〇公尺，两边共长二〇〇公尺，间隔20×480m 共二八〇公尺，共八处，每二公尺用三根，共二、二四〇公尺
水堰工	桩木	一·八		〇·一	三、三六〇·〇	根	同上
水堰工	桩木	一·五		〇·一	三、三六〇·〇	根	同上
水堰工	桩木	一·二		〇·一	三、三六〇·〇	根	同上
水堰工	梢柴	三·〇	上口 〇·〇二	〇·〇二五	一、六八〇·〇	捆	桩木之为二·二公尺者，每二公尺用一·五捆，二五根为一捆。一处一〇〇公尺，全长二〇〇公尺，间隔八〇公尺，共二八〇公尺，八处共二、二四〇公尺

续表

种 目	细别	尺 寸			数量	单位	摘 要
		长度（公尺）	宽度（公尺）	粗（公尺）			
水堰工	梢柴	三・〇	〇・〇二		一、三四四・〇	捆	桩木之为一・八公尺者、每长二公尺用一捆 一处一〇〇公尺，全长二〇〇公尺，间隔八〇公尺，共二八〇公尺，八处共二、二四〇公尺
水堰工	梢柴	三・〇	〇・〇二		一、〇〇八・〇	捆	桩木之为一・五公尺者，每长二公尺用〇・九捆 一处一〇〇公尺，全长二〇〇公尺，间隔八〇公尺，共二八〇公尺，八处共二、二四〇公尺
水堰工	梢柴	三・〇	〇・〇二		七八〇・〇	捆	桩木之为一・二公尺者，每长二公尺用〇・七捆 共二五捆 一处一〇〇公尺，全长二〇〇公尺，间隔八〇公尺，共二八〇公尺，八处共二、二四〇公尺

续表

种目	细别	尺寸 长度（公尺）	尺寸 宽度（公尺）	尺寸 粗（公尺）	数量	单位	摘要
水堰工	土方	延三、二〇〇	平均断面二·〇		六、四〇〇·〇	立方公尺	
水堰工	填石	三、二〇〇	平均断面二·七		八、六四〇·〇公尺	立方公尺	
水堰工	人工				二二、四〇〇·〇	人	栅高虽有四种，以平均高度计之每二公尺用二·五人，共八、九六〇公尺
护脚工程		五〇·〇	四·〇		八·〇	处	总长四〇〇公尺，两边共长八〇〇公尺
护脚工程	桩木	二·二		下口〇·一	一、七二八·〇	根	一处五〇公尺，两边一〇〇公尺，间隔11×4=44m共一四四公尺，八处共一、一五二公尺，每二公尺用三根
护脚工程	梢柴	三·〇	上口〇·〇二	〇·二五	八六四·〇	捆	每长二公尺用一·五捆，二五根为一捆，共一、一五二公尺
护脚工程	土方	延四二〇·〇	平均断面一·二		四八〇·〇	立方公尺	

续表

种目	细别	尺寸			数量	单位	摘要
		长度（公尺）	宽度（公尺）	粗（公尺）			
护脚工程	填石	四二〇·〇	平均断面三·五		一、四〇〇·〇	立方公尺	
护脚工程	人工				一、七二八·〇	人	每二公尺用三人，共一、一五二公尺
抛石工		一五·〇			八〇	处	长九〇公尺
抛石工	填石	九〇·〇	平均断面二·〇		一八〇·〇	立方公尺	
抛工	人数				一、一〇七·〇	人	每一公尺用三人，水堰工三、二〇〇公尺，护脚工四〇〇公尺，填石工九〇公尺，共三、六九〇公尺

其四 资材劳力

木材	三、一四五公尺
木梢	五六八〇束（每束二五根）
劳工	五八、三〇〇人

第四节 参考资料

其一 流量

本资料乃民国三十二年，于各主要内河一年间统计所得之结果。

一　每月平均流量表（单位 m^3/sec① 崖县观测点之上流有井堰）

河川名	观测地	一月	二月	三月	四月	五月	六月	七月	八月	九月	十月	十一月	十二月
南渡江	定安	五一,九〇〇	三五,六三三	三〇,一四七	三三,一二一	九四,六一	二二六,〇六五	一五一,二一	九九,二二一	五六九,七五一	二〇八,九〇三	一八二,三一五	一二一,三三四
万泉溪	嘉积		六三,〇三三	五三,三八三	五四,六一六	七七,一一三	一〇四,二九八	六六,一二二	六六,一九五	三一二,六八二	二〇九,一六三	三〇九,四二六	一〇八,三三七
昌化大江	宝桥	四九,三一六	三八,六五二	三一,八五〇	一四,一七	七五,五六〇	二二,六〇三	一六,三七九	一二,一一五	三三,八五	一二,八	九一,三四八	五二,三九七
昌化大江	东方	四一,五三三	二九,八二〇	二三,一七六	一七,五	四六,三	六七,六八一	一六,三六九	一一,二	一六,一二六	三五,五七	九,四四八	三九,三七
陵水溪	陵水		一四,一七	一〇,六七四	九,〇七一	二,一	一,六	一,三〇	三一,	七一,八一	九,〇二七	六六,三三九	四六,八四九
宁远溪	崖县		九,九〇一	六,〇六八	四,五七	七,七四	四六,八三二	二〇三,	八,七五	一,九四	四,六六四	四八,六六	一,七五三
感恩溪	感恩	一,三七二	一,二一六	一,一六	一,二一	七,二四	八,五三	一〇〇,七七九	五,一二八	一,七二八	二,八五〇	二,七八二	二,一四

① "sec" 为时间单位秒归时所用用符号。——编者

二 丰水量、平水量、低水量及枯水量

内河名 流量 测量位如	南渡江 定安	昌化大江 宝桥	昌化大江 东方	万泉溪 嘉积	陵水溪 陵水	感恩溪 感恩	摘　　要
丰水量	一六二·六	一二三·〇	九六·三	一三八·五	三五·三	三三·四	单位每秒立方公尺[①]
平水量	八五·三	六四·三	四九·五	七九·一	二〇·一	二一·〇	年中一八五日间，不低于是之水量
低水量	四一·三	四〇·三	三一·二	五二·八	一三·三	一一·三	年中二七五日间，不低于是之水量
枯水量	二四·七	二九·三	一五·六	四三·六	五·五	一一·三	年中三五五日间，不低于是之水量

本表乃由流量表而求得者

---

① "方公尺"，即立方米。——编者

其二　降雨量

一　自民国三十年至三十二年三年间之每月平均雨量表〔各所之降雨量（公厘）〕

月別＼地点	一月	二月	三月	四月	五月	六月	七月	八月	九月	十月	十一月	十二月	計
海口	八·三	二〇·三	五一·四	一〇三·二	二〇四·一	一五一·一	一六五·八	一四三·八	一二九·八	一四二·七	七七·六	四七·三	一,四三四·〇
秀英	一八·一	四四·一	五一·五	七八·一	三〇四·三	一二三·三	一八六·六	一七九·〇	二〇六·九	一四六·二	五九·八	四七·〇	一,五九一·七
琼山	八·六	四·一	四九·〇	九一·一	三〇七·二	二三〇·六	一八二·三	一七二·二	二〇六·九	一六〇·六	五〇·八	四〇·六	一,六六一·五
加来	六·〇	六·一	一·〇	九一·〇	三〇七·〇	三三·三	一二三·〇	一八六·三	一九九·三	一七〇·一	一〇二·三	三〇·五	一,六五五·五
那大	九·六	二〇·三	三五·六	一一·九	二七六·四	二七七·七	一九一·一	一八六·六	二七五·七	二二一·八	九二·七	五〇·八	一,六九五·五
儋县	四·四	一〇·八	六九·五	四九·八	九一·七	二五八·七	一六五·五	一四〇·九	三五·五	二一一·八	一四一·〇	五八·三	一,九一八·九
北黎	一五·二	二一·九	九·一	四二·八	六八·七	九一·六	七二·一	一二三·二	二七四·九	二五九·〇	五七·五	三一·五	七五三·三
八所	一六·一	二一·四	二六·七	四四·八	六八·七	七七·七	六七·七	一二三·二	二九〇·九	八四四·七	二四·七	六·九	七八九·九
感恩	八·七	二二·三	五·三	六六·一	五〇·四	七三·九	五九·三	二〇·七	八二·九	八三·〇	三一·一	一二·八	七八九·三
黄流	二三·三	二三·四	二〇·五	五五·七	一五八·六	一二八·六	一二·〇	一七四·九	三六·六	九一·四	五〇·〇	二六·〇	一,二三三·六
九所	二三·三	三六·四	一八·四	四五·三	一一八·二	一八八·一	一四六·八	一五五·四	一八八·六	一二一·四	一六·三	一二·九	二,二七三·七

第十一章　内河运输计划 | 255

续表

月别\地点	一月	二月	三月	四月	五月	六月	七月	八月	九月	十月	十一月	十二月	计
崖县	一二·一	三四·一	三二·四	五八·三	一八八·〇	二九七·三	三二一·九	一五九·三	一七八·六	一九·三	四四·六	八·三	一,五四六·一
三亚	八·三	二二·七	四九·八	二七·八	二二〇·二	二八二·六	二二三·九	一八一·一	一四〇·四	一二二·九	八一·二	三六·二	一,五一五·一
藤桥	二二·一	一二·五	六二·二	五三·五	二三五·五	二二三·九	一九四·五	一八一·六	一五〇·八	二二九·一	七九·七	三·五	一,五九一·九
陵水	三〇·四	一四·九	六四·一	二五·八	二二五·五	二一一·九	一一六·四	一六六·七	一二四·五	三二三·二	一二五·一	一九·二	一,六八〇·三
万宁	九四·四	四六·八	九三·七	五六·七	一九八·五	一四六·一	一五七·四	一七〇·四	二三七·五	三三八·一	一二三·六	一五·九	二,一八〇·九
嘉积	七五·五	一九·一	八〇·一	六七·二	二二八·八	一四五·〇	二〇七·〇	二三〇·三	二四〇·六	二二九·九	二二六·三	一五·四	一,七五五〇·四
清澜	一四·〇	六八·四	五三·二	一〇三·七	一四九·三	一一八·二	一一〇·五	一一八·二	一二一·〇	二九·五	二八三·四	三三·四	一,三三〇·七
东方	一四·五	二三·九	二一·九	七九·七	一九九·八	一八三·一	一八七·八	一四八·八	一七五·六	一五·三	七八·三	五·三	一,三三〇·七
保定	二二·九	二二·五	七三·五	一五三·四	二〇八·四	三〇三·六	二二一·九	二四〇·九	二〇六·三	一五七·三	七八·九	一四·四	一,七八六·五
福山	八·三	二〇·三	九三·三	一三三·四	二〇八·〇	二六五·四	二九〇·一	一四〇·四	一〇三·九	一六三·〇	九一·一	一四·四	一,六九四·四
中原	三五·四	四〇·五	一一三·一	六·二	三〇四·九	六五·四	二〇一·四	一四〇·四	二二八·六	一八一·四	二〇八·一	三九·七	一,〇九二·四
文昌	七·四	三〇·六	七三·三	七二·一	一三三·三	二七六·一	一七六·一	一九六·一	一三二·一	一八一·一	一二一·三	一三·六	一,六〇八·三

二 三年间平均雨量分布图

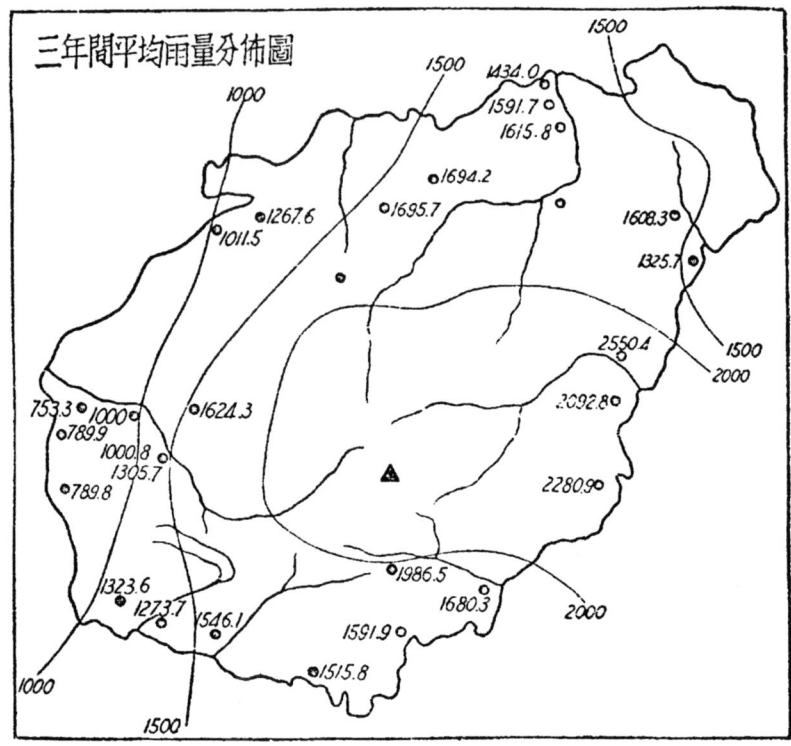

第十二章 港湾及海运业计划

第一节 榆林港修筑计划

其一 绪言

榆林港位于本岛南端,乃与安南、南洋群岛等地间之国际交通运输要港也。并足控制藤桥、三亚、田独矿山、崖县等地,实负本岛产业及海运重要之使命。查本港形势,口狭内宽,层峦环峙,足避风患,诚海港之得天独厚者也。第一期修筑计划完成后,规模业已大体具备,待本岛向外发展时,该港交通,亦将随之繁荣也。惟该港形势,以原有设备,规模过小,不免发生狭隘不敷之感,故第二期修筑计划,仍有讨论之必要也。

其二 榆林港设施状况

一、**浚深** 应于退潮之际,就其潮面,分别浚深九公尺(二三六、〇〇〇平方公尺)或七·五公尺(一三四、〇〇〇平方公尺),或五公尺(二、五〇〇平方公尺)或四·五公尺(一八、〇〇〇平方公尺),或三公尺(二、〇〇〇平方公尺),俾便各种船舶停泊之需。

二、**码头** 榆林方面,应筑水深七·五公尺,全长二八〇公尺之码头，俾得同时停泊三千、二千及一千吨等级之轮船各一艘。南部应筑水深五公尺，全长五〇公尺之码头，俾一千吨级小型轮船，得以靠岸，起卸货物。又安游方面，应筑水深九公尺，全长二二〇公尺之码头，俾供一万吨级汽船之停泊。西岸供小型轮船靠岸停泊之需。

三、**起卸场**　在五公尺码头南侧，应筑水深三公尺，全长六五公尺之起货场，俾供三〇〇吨以下之小型船只装卸货物之需。

四、**货仓**　在七·五公尺码头之后方，应筑平房一座（面积约二、二七五平方公尺）以供货物堆积之需。

五、**货物起卸设备**　在七·五公尺码头南侧，置五吨固定起重机一座，五公尺码头附近，置二吨固定起重机一座。

六、**船坞**　在三公尺起货场之南侧，应筑船坞两座，以供三〇〇吨级船停泊修理之用。

其三　第二期计划

本计划，于既成船坞南迄港口间，新设起货场一所，专供渔船货物起卸之用。并新建延长与七·五公尺码头相连续而复前临街市之五公尺码头，以供工商业码头之用。

一、**浚深**　如另图所示，于退潮时，由潮面浚深五公尺（六〇、〇〇〇平方公尺），或三公尺（一〇、〇〇〇平方公尺），以扩展轮船停泊面积之需。

二、**码头**　筑水深五公尺，长度四〇〇公尺之码头，俾供一、〇〇〇吨级轮船数艘同时停泊起卸货物之需。

三、**起卸场**　建筑水深三公尺，长度三五〇公尺之起卸场，俾供三〇〇吨以下渔船停泊起卸货物之处。

四、**护岸**　在新设五公尺码头北部五〇公尺，及三公尺起卸场东部三〇公尺之处，设置护岸工程。

五、填土 浚深码头起卸场后面（约六二、〇〇〇平方公尺之地面），并以山土及由山上剥落之土砂填充之，以备仓库建筑及公路基地之需。

六、陆上设备 在既成七·五公尺码头之北侧，增建仓库一座，并在新建五公尺码头后面，建筑仓库三座，同时并加设临港铁路线，以便直达各该仓库之内，并在码头设置三吨旋回式起重机三座。

此外，起卸场应使之倾斜，并为求便于鲜鱼类起运起见，其后部复应有鱼仓二座之设置。

第二节 八所港修筑计划

其一 绪言

八所港位于本岛西部北黎湾内，乃属感恩县治者也。地居北纬一九度六分，东经一〇八度三分，外距辽宽之东京湾，而与安南之北境相遥望，西北距海防二七〇公里，为本岛物产及舶来品输出入之要冲。惟该港现有设备，殊感缺乏，其中一部工程，以停战而告中止，为将来发展计，第二期修筑计划，（约四年）实有拟订实施之必要在也。

其二 设施状况

一、浚深 于退潮之际，就其潮面分别浚深九公尺（五六、〇〇〇平方公尺），或八公尺（八三、二〇〇平方公尺），七公尺（九五、〇〇〇平方公尺），四公尺（六〇、〇〇〇平方公尺），俾其水深、面积，足备各种船舶停泊之需。

二、码头 新筑水深九公尺、全长三四〇公尺之码头，俾八、〇〇〇吨级之轮船两艘，得以同时停泊起卸货物。

三、起卸场 建筑水深四公尺、长一三〇公尺之起卸场，俾五〇〇吨级之小型轮船得以停泊起卸货物。

四、防波堤 为谋主要码头及航路之安全计，实有修筑第一、第二、第三防波堤之必要。第一防波堤全长约为四〇〇公尺，第二防波堤乃所以避免外海波浪用者，全长五八〇公尺，第三防波堤全长一三〇公尺，此项防波堤，乃以确保港内安全为目的者也。

五、陆上设备 在起卸场突出之处，设置木制起重机一座（起重二吨），并修筑码头用三合土制造场，以资应用。此外由北黎至码头铁路，及码头上高架铁路，均须分别设置，俾便贮矿场内之矿石，得由载运机迅速运入船内。

其三　第二期计划要点

一、浚深 该项工程，应在退潮之际，就其潮面分别浚深八公尺（二二、二〇〇平方公尺）或四公尺（一一、二〇〇平方公尺），以期扩展轮船停泊面积。

二、码头 该项工程，钢板虽经打入而告中止，七公尺码头，须加长二六〇公尺，俾三、〇〇〇吨级之轮船两艘，得以同时停泊，起卸货物。

三、起卸场 既设起卸场，与凹字型地连结，新筑水深四公尺，长三九〇公尺之起货场，俾五〇〇吨级之船舶五艘，得以同时停泊。

四、陆上设备 在七公尺码头上，增筑仓库两座，以供货物之存贮，并在码头上，设置三吨旋回式起重机一座。

第三节　海口港修筑计划

其一　绪言

海口港，位于本岛北部南渡江口，北与雷州半岛相对峙，从地理上言之，实本岛门户也。且为新加坡、安南、马来等地，航船寄泊，避免风浪之处，故该港实负极大使命也。当抗战以前，二、〇〇〇吨级轮船之所往来寄泊者，每月约计数千艘之谱。惟以南渡江流沙淤积，时虞泛滥，所有商船，概须在距港口三哩[①]处下碇，起卸货物，故港湾应具之必要条件，实感未备。该港修筑计划，前虽迭经拟订，惟迄未付诸实施，良以该项工程，应与南渡江水利工程同时并进故也，兹将南渡江水利工程分为第二、第三两期，述之如次（约需五年）。

其二　设施现况

一、**栈桥**　以钢骨三合土筑之，长二五〇公尺，宽七五公尺，供舢板起卸货物之用。

二、**防波堤**　以三合土筑之，全长六七〇公尺，以供舢板停泊起卸货物之用。

三、**起卸货物之设备**　在栈桥上设置一〇吨铁制起重机一座，及二吨木制起重机一座。

其三　第二期计划要点

本港建设计划，如上所述，应与南渡江水利工程，同时推

---

① "哩"，英里的旧称。——编者

进，故第二期计划之实施，实为问题之亟待解决者也。从今日运输情形观之，其小型船舶与风浪无甚关系，均得在栈桥安全起卸其货物。在航路及防波堤栈桥间，当退潮时，由其潮面浚深二公尺（一三〇、〇〇〇平方公尺）之计划，盖亦风浪中，保护小型船舶，以期安全之紧急有效措置也。

其四　第三期计划要点

如上所述，本港从来虽有不少商船出入其间，惟以港湾设备，未臻完善，交通运输及起卸货物，终感不便也。今后本港，将随本岛开发，而与内陆邻邦间客货往来，益臻频繁，故其第三期计划，仍有拟订之必要。

一、浚深　应于退潮之际，就其潮面分别浚深四·五公尺（一〇〇、〇〇〇平方公尺），或四公尺（二二〇、〇〇〇平方公尺），三公尺（四五、〇〇〇平方公尺），二·五公尺（二二五、〇〇〇平方公尺）。

二、码头　水深四·五公尺码头，其长应为五〇〇公尺，俾得同时停泊五〇〇吨级轮船八艘，以起卸货物。

三、起卸场　建筑一水深三公尺，长度三五〇公尺之起卸场，俾供三〇〇吨以下之小型船舶数艘，同时停泊，起卸货物之需。

四、护岸　在码头及起卸场之两方，设置护岸工程，全长为五〇〇公尺。

五、防波堤　增筑长七〇〇公尺之三合土堤，以与已设堤岸相连续。

六、填土　浚深码头、起卸场及护岸工程后面（三〇〇、〇〇〇平方公尺之地面）土沙，以供填土，而备建筑仓库，及公路之需。

七、陆上设备 在码头之后面，筑仓库三座，并敷设临港单轨铁路，直达仓库，并于码头上设置三吨旋回式起重机三座，起卸场除略予倾斜外，并于后面建筑仓库两座。

第四节 清澜港修筑计划

其一 绪言

清澜港位于文昌县东南海岸三十里（华里），去海口约一八〇里，至嘉积约一二〇里，前临大海，港口长约一五里，宽约一里，水深三·五公尺至八公尺。惟其港口，以有礁石棋布，大型轮船，虽出入困难，然以适于避风，道路平坦之故，乃通往嘉积、海口两市及其他各地必经之地，亦各处物产之集散地也。

本港，且有予欧亚两航路之便，为我国与安南间往来船舶停泊之地，惟该港虽属本岛东海岸之重要港湾，终以缺乏码头等靠岸设备，该港价值，终不免为之减色也。故其第一期计划（约四年），尤有订立之必要，俾随本岛开发，而便五〇〇吨级船舶停泊之需。

其二 第一期计划

本港港内水深，因潮水高涨，航行虽稍感安定，惟其外港，以受浮沙冲积影响，沙滩棋布，航路水深，变化无常，颇不安定。且港内复受文昌、平昌两江大量土沙流出之影响，将来本港发达时，其河流之修改，实属必要之图也。

一、浚深 浚深航路，而求五〇〇吨船舶，当退潮之际，得以安全入港起见，应将港口浚深，并于先端一千公尺之处，所有沙洲两处，均有除去之必要。计划中航路应利用现有水路开宽一〇〇公尺，而其水深，虽在退潮之际，仍须保持四公尺（一八〇、〇〇〇平方公尺）之标准。就码头前面及其凹形地带而整理浚深之，以供建设船坞之需（该航路水深应由退潮潮面浚深四公尺）（一一二、〇〇〇平方公尺）。

二、码头及起卸场 由清澜下市栈桥起，在其上游，筑码头一座，栈桥附近船坞（小船船坞）周围，择定方向，而为起卸场之建置。码头水深四公尺，全长四〇〇公尺，起卸场水深四公尺，全长四五〇公尺。俾五〇〇吨级之船舶数艘，得以同时停泊起卸货物之需。

三、护岸 在码头之直角方面，应有全长三〇〇公尺之护岸工程之设置。

四、填土 浚深码头及起卸场后面（一四〇、〇〇〇平方公尺），以其土沙填充之，以备仓库公路等建筑之需。

五、陆上设备 在新设码头后方，建筑仓库两座，并敷设临港铁道，直达仓库，复设五吨起重机两座，以备起卸货物之需。

第五节 白马井港修筑计划

其一 绪言

白马井港，亦名新英港，位于儋县之西北，乃本岛西部之第一商港也。背负兵马角，面临后水港，东北部虽呈狭长湾形，然西南港口，与外海航路，迂回曲折，而呈浅滩，较大船舶，不克直入。港内水面当涨潮之际，虽有五、六七〇公顷，惟其湾内，以有河流两道，时有土沙冲出，故当退潮之际，水面仅有六三〇公顷而已，即有九〇％突出水面，宛如咸水湖底而已。由白马井至新英港，步行可达，向系帆船运输货物之地，与王五市、儋县、旧儋县、新英等各小都市，虽不相连续，然概属土质肥沃，居民麇集之区；且越长坡、洛基两市，便为土地广袤之那大市，面临东京海峡，为与对岸北海之交通要道；故白马井、新英两市，虽属帆船港，而商业仍极发达也。为便于大型船舶停泊计，修筑工程，实有早日实施之必要也。

其二　第一期计划

一、浚深　当退潮之际，就其潮面浚深五公尺（一四、四〇〇平方公尺），或四公尺（二四、〇〇〇平方公尺），其浚深区域，以土质松软，故其工作，无甚困难。

二、码头　筑水深五公尺，长一八〇公尺之码头一座，俾一、〇〇〇吨级之轮船两艘，得以同时泊岸，起卸货物。

三、起卸场　建筑水深四公尺，长二〇〇公尺之起卸场，俾有同时容纳五〇〇吨船舶三艘之位置。

四、护岸　在码头及起卸场之两侧，及其对岸，各设置一长三七五公尺之护岸工程。

五、填土　浚深码头起卸场后面（约一八、〇〇〇平方公尺之地面），并将起出土沙，供仓库及公路建筑之用。

六、陆上设备　在码头，设置五吨之铁制起重机两座，在起卸场，设置二吨木制起重机两座，并于五公尺码头后面，建筑仓库两座，以供货物临时堆置之需。

第六节　莺歌港修筑计划

本港位于本岛西南角，在其海岸线，由西向北之转角部分。出产以盐为大宗。今后本港将随本岛开发，而日趋繁荣。良以本岛西南部，自榆林至八所间，实有避风港存在之必要在也。兹将本港三年修筑计划，述之如次：

其一　浚深

依照附图所示，航路宽度为五〇公尺，水深为三·五公尺（约二〇、〇〇〇平方公尺），港内水深，应浚深为二公尺（约二〇、〇〇〇平方公尺）。

其二　起卸场

建筑一水深三·五公尺、长一二〇公尺，及水深二公尺，长八〇公尺之起卸场，俾四〇〇吨级以下之船舶，得以停泊起卸货物。

其三　防波堤

择其与海岸约略平行，而复略露礁岩之处，建筑一长二八〇公尺之三合土防波堤，并加设抛石堤，俾与既设栈桥之北侧相连接。借收防砂及防波之效。其设备计划，如下图：

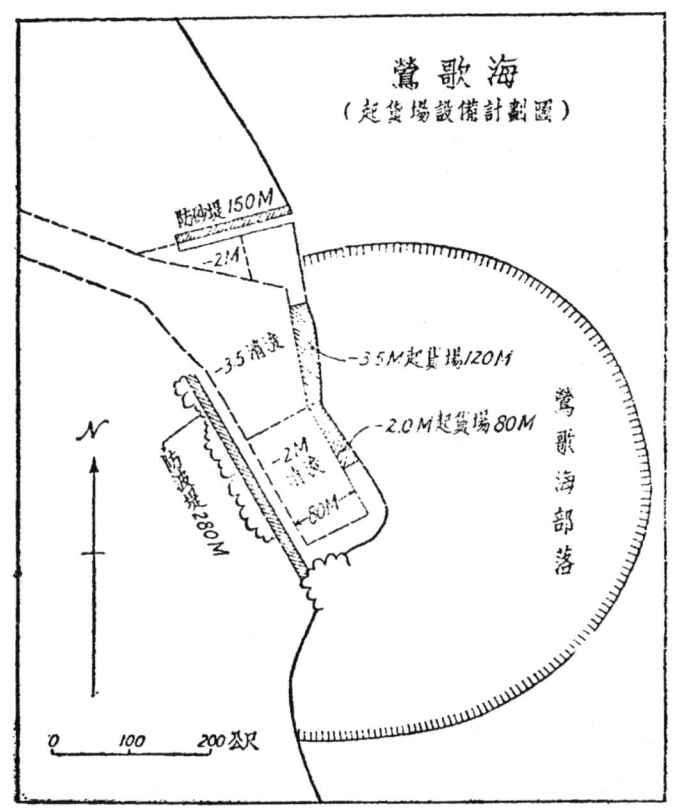

第七节　新村港修筑计划

本港位于陵水县城之南约十二公里许，距藤桥二四公里，饶鱼盐之利。清澜港及其他方面船舶，时相往来。该港修筑若兼以避难港为目的，则必大有助于本岛之发展也。兹将本港计划述之如次：

其一　浚深

该港港口，有稍加浚深之必要。惟今后实施计划，仍须有待于实地调查也。起卸场之设备计划，略如下图所示。

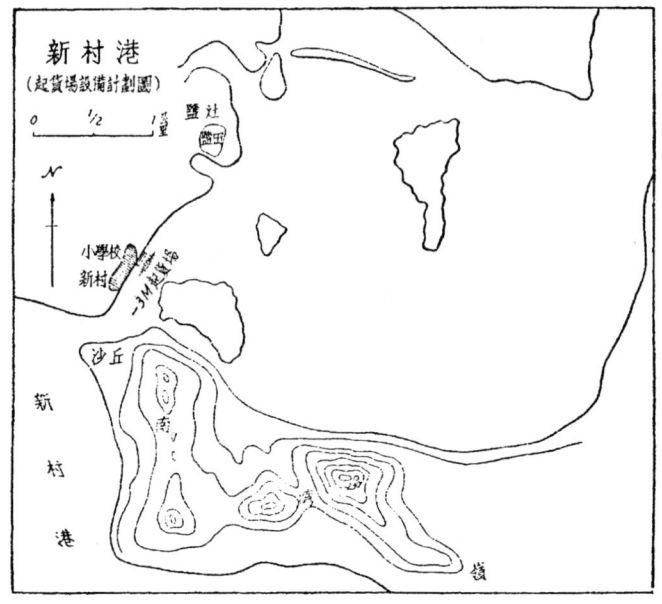

其二　起卸场

如附图所示：建筑一水深三公尺，全长一五〇公尺之起卸场，俾三〇〇吨以下之小船数艘，得以同时泊岸，起卸货物。

第八节　乌场港修筑计划

在小海附近择定适宜地点，以为小港，而设施之，则对于万宁、和乐等地丰富产物之输出，颇有深切之意义也。且本港就地形上言之，以其接近深海，实具备天然良港之条件，其内部水面面积，约二五〇、〇〇〇平方公尺，兹拟订小规模三年修筑计划如次，俾与将来开发计划相适应也。

其一　浚深

该港之口，亦有略加浚深之必要，惟今后实施计划，仍须有待于实际调查也。附图如次：

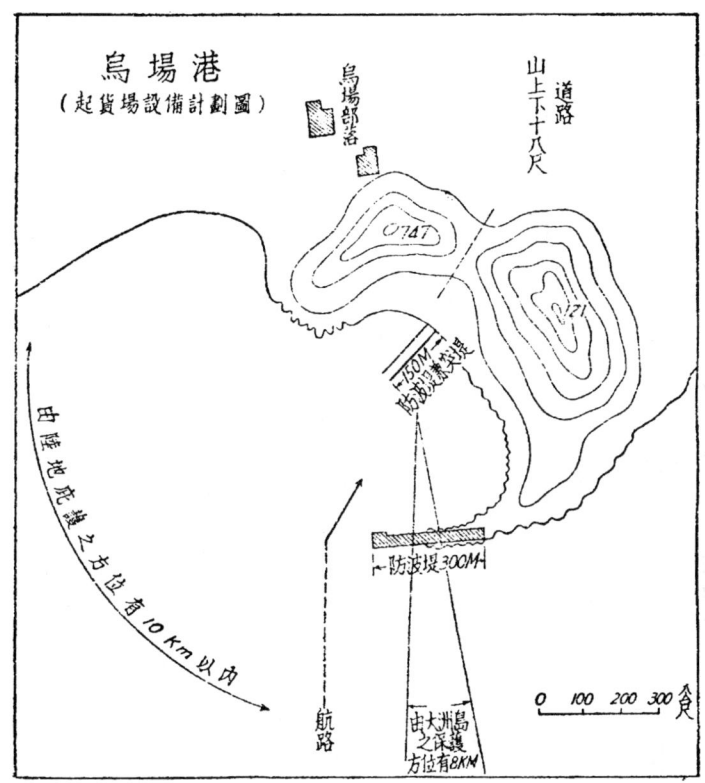

其二 防波堤

由东边海岬，以迄与礁石相连之处，建筑一长三〇〇公尺之三合土防波堤。

其三 突堤

由海滨起，建筑一兼作防波堤用之突堤，宽五公尺，长一五〇公尺，先端部分五〇公尺，应有水深三公尺，俾便三〇〇吨级船只之容纳。

附　主要材料劳工表

港名＼品名	榆林	八所	海口	清澜	白马井	莺歌港	新村	乌场
水泥（吨）	八〇〇	七〇〇	二,一〇〇	九〇〇	五〇〇	八二〇	一五〇	四五〇
碎石（m³）	三,〇〇〇	二,六〇〇	一〇,〇〇〇	四,〇〇〇	二,〇〇〇	三,五〇〇	六〇〇	二,〇〇〇
砂（m³）	一,五〇〇	一,三〇〇	五,〇〇〇	二,〇〇〇	一,〇〇〇	一,七〇〇	三〇〇	一,〇〇〇
杂石（m³）	三,〇〇〇	三,五〇〇	二七,〇〇〇	五,〇〇〇	三,〇〇〇	九,〇〇〇	六〇〇	一〇,〇〇〇
铁材（吨）	二,三〇〇	二,三〇〇	一,九〇〇	三,一四〇〇	一,四〇〇	三七〇	二八〇	二
木材（m³）	一,五〇〇	一,〇〇〇	一,五〇〇	一,四〇〇	六〇〇	八〇	六〇	二〇
石炭（吨）	二五,〇〇〇	二〇,〇〇〇	二,〇〇〇	二〇,〇〇〇	一四,〇〇〇	四,五〇〇	三,〇〇〇	二,二〇〇
油类（e）	五七,〇〇〇	四七,〇〇〇	五〇〇,五〇〇	四三,七〇〇	二七,三〇〇	一,〇〇〇	七,二〇〇	五,四〇〇
劳工人数（人）	一,二八〇,〇〇〇	一,〇四〇,〇〇〇	一,六〇五,〇〇〇	一,一五〇,〇〇〇	七四五,〇〇〇	三三,〇〇〇	一九〇,〇〇〇	二一六,〇〇〇

附注：海口第二期计划不在内。

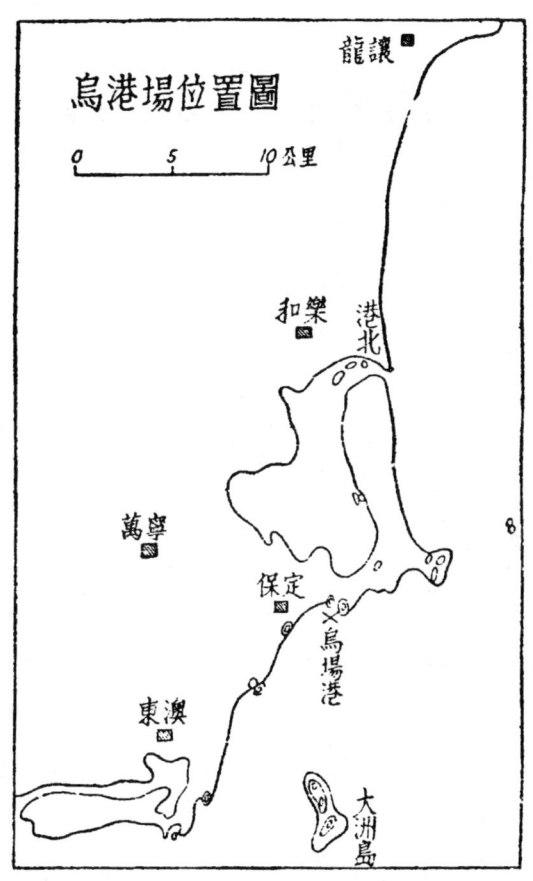

各港所需主要器械表

机械 \ 港名	榆林	八所	海口	清澜	白马井	莺歌港	新村	乌场
吸起式浚深船（艘）	一		一	一	一			
锄链式浚深船（艘）	二	二						
杓起式浚深船（艘）								

续表

港名\机械	榆林	八所	海口	清澜	白马井	莺歌港	新村	乌场
捆起式浚深船（艘）	二	二	二	二	三	六	二	一
运土船（艘）	一五	一五	一二	一二	六	一	六	二
拖船（艘）	四	四	四	四	三	二	二	二
起重机船（艘）	一	一	一	一	一	一	一	一
运货船（艘）	三	三	三	三	三	二	二	二
打桩船（艘）	二	二	二	二	二	一	一	一
混合机（部）	二	二	三	二	二	一	一	二
碎石机（部）	一	一	一	一	一	一	一	二
潜水器（套）	三	三	六	三	三	二	一	四

在以上计划修筑之港口中，榆林、八所、白马井、海口、清澜等五港，就其地位地势言之，莫不各具特殊价值及其重要性也。至若莺歌、新村、乌场，以其性质较次，故其所拟计划，所有规模，亦随之较小。

当各港修筑计划实施之际，对于所有入港之船舶数量，对内对外之贸易数额，以及地形、水深、地质、风向、潮汐等，均应详细调查，俾便码头长度、浚深及陆上设备等之决定。惟本篇所述，系属估计，故其工程、机械、劳力等详细数量之计算，未便遽予论列也。

惟欲求工程之迅速，价格之低廉，并与上项计划所拟规模相适应起见，其码头、起卸场、护岸及防波堤等之建筑，可按照各该附图（各该港普通构造断面图）设计行之。该项工程所需之主要机械、劳力等表（主要材料表及主要机械表）可参考也。

本计划概为各港单独建设三年乃至五年完成之计划，如数港同时兴工，则其完成时间，及所需器材，自必随之增加，故计划年限，实为资材之供应及劳工之技术所支配也。

第九节　航运业计划

本岛沿岸之海运业，除有赖于木船之外，与对岸各地交通，应有机帆及轮船以为之助。沿岸各要地，并须有完善修船厂之设置，并为求海员素质之提高起见，应有指导人员养成所或训练班之设立。良以本岛海员素质，素极低劣，故其海员养成所或训练班之设置，实为本岛海运业发展上所必要也。

对外航路，及其铁矿石等重量物资之运输，则非巨轮不可，惟本岛沿岸既缺乏天然良港，故其对外航路之港口，遂不免为其限制，且外洋巨轮之建造，亦非本岛能力所可胜任，故海运业，决不易自行创业，而须有待于修筑良港，以吸引外洋轮船之寄泊也。

小轮机帆等，本岛应努力建造，俾供本岛沿岸及对岸海运营业之用。待将来船只增加时，其营运当可自由竞争也。停战时日人所交船只，而可供运输用者，为数甚少，如能善为统制，使之统一营业，对于本岛重要物资之运输，当有相当裨益也。

日人移交运输用船舶表（大致均由交通部接收）

船舶种类	船舶名称	总吨数	速力（节）	燃料种类	备　　　考
汽船	台山丸	四〇〇	五	煤	
汽船	昭阳丸	一一六	五	煤	
机帆船	七生丸	二五〇	六	柴油	

续表

船舶种类	船舶名称	总吨数	速力（节）	燃料种类	备　　考
拖船	三亚丸	一八三	九	煤	
拖船	安田丸	一二〇	六	煤	
拖船	天华丸	一三四	六	煤	
渔船	芙蓉丸	二一六	八	煤	应由农林部接收，而由海军总司令部占用，迄未归还者
渔船	布引丸	二一九	八	煤	同上
机船	菊丸	一九七	七·五	柴油	
机船	纪清丸	九一	七·五	柴油	
汽船	八万丸	一〇〇	八	煤	

第十三章　都市计划

第一节　绪言

离群索居，殊非人类所好者也，必也形成村落，以遂其集团生活，随各项产业之勃兴，及交通机构之发达，更扩充村落而成都市。惟都市而不加管制，则必陷于杂乱无序、治安不保、卫生不良之逆境，所谓"都市为人生之坟墓"云云，非无故也。故都市应由交通、保安、卫生、经济及防空等观点，拟定计划，以期合理都市之实现，决非漫无统制，而任其随意发展者也。该项计划，当拟定之际，所有都市之性格，人口增加之趋势，产业之种类及规模，乃至财政、地势、气候等各项资料，尤应精密调查，以资依据，如无实地调查之记录，则惟有慎重推测，以资计划而已。

其一　区域之划分

都市计划乃都市之百年大计是也。其地点，务择广大面积之适当区域为之，以便都市计划，次第完成，故凡新都市之建设计划，而其地点广大又复适合者，其规模必大，完成之期间必久也。且不必与行政区域相一致，只求地点之适合可矣。对于既成都市之计划，为防制其紊乱及膨胀起见，完成其接续区域内，所有计划，而具都市之规模可矣。至旧都市，可无改造之必要也，良以旧都市之改造，于其建设线之指定，可谓劳力多，而成效少也。若其周围，并无广大适地，则远大计划，更属无法拟定。最近都市计划之完成，则应更注重卫生计划之确立，而便都市计划使命之完成也。

其二　地域制之确立

土地之使用及其管理，若一任土地所有者之自由处理，而不予以适当统制，则其土地之利用，及建筑物之构造，必将陷于杂乱而损其机能，并妨碍其有机体之活动，故都市建设，应有地域制度确立之必要，俾其土地利用及其上建筑物之用途、构造，均应予以统一管制，而便都市健全发展。

都市计划地域制，应予确立固矣，惟强度之限制，务避免之，用途别地域之消极者，可划分为住宅区、商业区、工业区及不指定区等，至于高度之地域制及面积地域，均应分别保留之。

其三　街道系统之选定

都市街道系统，宛如人体之循环系统，故干线街道、辅[①]助街道、住宅街道或小街道等，均应按照使命，分别规定之。然复以各都市性质及地势不同，亦不可一概论者。惟干线交通，街道系统，务须作放射循环型为之，局部者，可采用垂线型，要之，各予适应实际，而善为配置可也。

其四　事业实施上所应注意之点

当本计划事业实施之际，所需资金，为数甚巨，故其计划实施

---

① 原文作"補"（补），疑误，后同此改。——编者

所需之财源，自应努力筹措，设法以少数费用，而谋该项计划之实现，即由遵守建筑线之励行，而便于郊外地区将来街道建设之进行，至土地重划法之奖励，抑亦街道建设事业之一助也。至其实施期间，虽视各该都市之发展趋势而左右，不克遽予断定，惟亦可以观测限度而酌量情形，顺次决定之。至用途地域制中建筑物之新建，须厉行计划之实行，其原有建筑物之处理，则应予相当之犹豫时间也。

其五　计划之变更

随科学之进步及各种工业之勃兴，工场地区，自亦不免随之而变更，又以时局之变化，防空及其他军事设备，亦须迅速进行，故原有街道，势不得不突然改变。尔外，尚有以种种关系，原有计划，不得不变更其一部分者，凡作计划之变更时，允宜鉴察过去，考虑将来，善为变更，以臻完善。

第二节　海口都市建设计划

其一　计划概要

海口市，不特为本岛最大都市，抑亦海陆运输之中心，及物货输出之集散地也。市内行政机关、学校、医院荟萃于斯，本岛改制后，新省会当以本市为最适，故其发展，正未可限量也。就地位言之，系属与内陆及近海之交通要冲，故其发达，自无问题。惟从地势观之，以地势低湿，且多池沼，大都市之计划，终不免发生问题也。盖由其卫生或工程言之，均有相当缺陷故也。惟将海口为大都市之新建设地，若只尽恃强制，则较为困难，应先从市街邻接地区之建设入手，待该区建设达到饱和状态时，再以琼山及秀英为中心,以建设新卫星都市,俾求地方计划之树立。至若求旧街市之改造,殆不可能,虽依照建筑线,从事改造,其效亦微,应将与旧街道相密接之东部地区,为主要计划地区,而供商业、住宅、官署等用地之需。其南端乃建设铁路车站之适地也,应分别为垂线型街道之分配;北端即南渡江沿岸,应设置码头,敷设临港铁路,以及货物站等,俾成仓库地带。现在市内之西部附近地区,乃公务人员住宅之适地也,可建住宅区及学校、公共运动场于此。至于工业地区,则向南渡江对岸及西南部物色可也。

其二 计划地区面积

军政机关用地	五八、七〇〇平方公尺
办事处及商店用地	二七〇、三〇〇平方公尺
大小工场用地	九九六、三〇〇平方公尺
仓库用地	六八、九〇〇平方公尺
住宅用地	二六八、九〇〇平方公尺
学校用地	一〇九、二〇〇平方公尺
市场用地	三五、四〇〇平方公尺
未定地	六二、五〇〇平方公尺
合共	一、八七〇、二〇〇平方公尺

他如道路、铁路、起货场、公园、运动场、墓地、排水路等之公共用地另定之。

其三 街道工程之预算

关于都市计划中,主要事业之街道工程,以建筑施工所占地面及其建设工程为主,余从略,其工程估计表如次:

工程类	细目	数量	劳工	摘要
道路工	全长	三九、〇〇〇公尺		
	面积	六四六、五六〇平方公尺		
	土方	一二九、三一二立方公尺	一二九、三一二人	每平方公尺平均〇·二立方公尺，输压一次每立方公尺用一人
铺装用	面积	六四六、五六〇平方公尺		
	三合土	六四、六五六立方公尺		平均厚〇·一公尺，以一：二：四之比率配合之
	水泥	四一三、七九八袋		每立方公尺六·四袋
	碎石	五八、一九〇立方公尺	八七二、八五〇人	每立方公尺平均〇·九立方公尺，每立方公尺一人
	净砂	二九、〇九五立方公尺	八七、二八五人	每立方公尺平均〇·四立方公尺，每立方公尺三人
	人工		三八七、九三七人	每立方公尺一人
排水路工	全长	七八、〇〇〇公尺		两傍
	三合土	四〇、五六〇立方公尺		平均断面〇·五平方公尺，以一：三：六之比率配合之

续表

工程类	细目	数量	劳工	摘要
	水泥	一八二、五二〇袋		每立方公尺四·五袋
	碎石	三八、一二六立方公尺	五七一、八九〇人	每立方公尺〇·九四立方公尺
	净砂	一九、〇六三立方公尺	五七、一八九人	每立方公尺〇·四七立方公尺
	人工		二四三、三六〇人	每立方公尺六人
	床壁三合土	九、三六〇立方公尺		断面〇·一二平方公尺，以一：二：四之比率配合之
	水泥	五九、九〇四袋		
	碎石	八、四二四立方公尺	一二六、三六〇人	
	净砂	四、二一二立方公尺	一二、六二六人	
	人工		五六、一六〇人	每立方公尺六人
	钢骨	一五六吨		
	模型板	二、六〇〇立方公尺	二六、〇〇〇人	
	土方	五九、五〇〇立方公尺	五九、五〇〇人	

其四　主要资材劳工表

水泥	六五六、二二二袋（三二、八一一吨）
木材	二、六〇〇立方公尺
劳工	二、六三〇、四七八人
铁材	一五六吨

第三节　嘉积都市建设计划

其一　计划概要

嘉积市为本岛第二大都市，位于东部陆上交通之中心，乃东南平原物资之集散地也。将来必将随本岛开发而日臻发展，惟现有市街地区，欲求根本改造，殊非易易，不若另择接毗本市之适宜地点，从事建设，当能事半功倍也。查本市除南部邻接地区，地势高低相差甚大外，其东北部，现为军事地区，北部现为市街，乃商业区之适地，商业地域可设置也。将各交通干线，贯通四方，其北部及东南部之高燥地区，则指为官署及住宅区用，按工业区，应以高低相差无几之广大地区为之。故以西方万泉溪沿岸为最适。除各交通主要干道以外，并须多设辅助道路。

其二　计划地区面积

军政机关用地	六八、三〇〇平方公尺
商业用地	一一五、〇〇〇平方公尺
工业用地	一四七、六〇〇平方公尺
住宅用地	一五八、六〇〇平方公尺
公用建筑用地	一五四、〇〇〇平方公尺

续表

未定地	二九、〇〇〇平方公尺
合共	六七二、五〇〇平方公尺

其他为道路、绿地及原种田、军用等之用地。

其三 街道工程之估计

主要之街道工程，以重要之地面敷设工程为主，余从略。其工程估计表如次：

工程类	细目	数量	劳工	摘要
道路工	全长	一八、一九〇公尺		
	面积	一五四、一八〇平方公尺		
	土方	二〇、八三六立方公尺	三〇、八三六人	每平方公尺平均约有〇·二立方公尺，输压一次每立方公尺一人
铺装工	面积	一五四、一八〇平方公尺		
	三合土	一五、四一八立方公尺		平均厚〇·一公尺，以一：二：四之比率配合之
	水泥	九八、六七五袋		每立方公尺四·六袋
	碎石	一三、八七六立方公尺	二〇八、一四〇人	每立方公尺〇·九立方公尺，每立方公尺一五人
	净砂	六、九三八立方公尺	二〇、八一四人	每立方公尺〇·四五立方公尺，每立方公尺三人
	人工		九二、五〇八人	每立方公尺六人

续表

工程类	细目	数量	劳工	摘要
排水路工	全长	三六、三八〇公尺		两傍
	三合土	一八、九一八立方公尺		平均断面〇·二五平方公尺,以一:三:六之比率配合之
	水泥	八五、一三一袋		每立方公尺用四·五袋
	碎石	一七、七八三立方公尺	二六、六七四六人	每立方公尺用〇·九四立方公尺
	净砂	八、八九二立方公尺	二六、六七六人	每立方公尺用〇·四七立方公尺
	人工		一一三、五〇八人	
	床壁三合土	四、三六六立方公尺		断面〇·一二平方公尺,以一:二:四之比率配合之
	水泥	三七、九四二袋		
	碎石	三、九二九立方公尺	五八、九三五人	
	净砂	一、九六五立方公尺	五、八九五人	
	人工		二六、一九六人	
	钢骨	七三吨		每立方公尺二公斤
	模型板	一、二一〇立方公尺	一二、一〇〇人	使用三次每公尺用〇·一立方公尺,每立方公尺一人(包括钢骨加工在内)
	土方	二七、二八五立方公尺	二六、二八五人	平均断面〇·七五平方公尺,每立方公尺一人

其四　主要资材劳工估计表

水泥	二一一、七四八袋（一〇、五八七吨）
木材	一、二一〇立方公尺
铁材	七三吨
劳工	八八九、六三六人

第四节　八所都市建设计划

其一　计划概要

　　北黎、八所方面之都市建设，其预定地点，究以何处为最宜，众说纷纭，莫衷一是，良以现在北黎市街，距离港口过远，殊不适于都市之建设故也。惟北黎车站附近，从其铁道交通及地形观之，颇有形成天然市街区域之可能，故该地区之都市建设，将仍有缜密考虑，另订计划之必要。其新市街地区，接近港口，固勿论矣。由八所港至机场附近，铁路线之广袤地区（二千万平方公尺），允宜列为新大都市之建设地也。

　　热带地方，大都市之建设，未必处处以平坦地面为适地，应采用便于通风、防空、防火广袤之绿地，为主要条件，务须本此原则，订立计划，俾与该地区内原有之砂丘及低湿沼地，暨高燥地区之自然地势相适应。

　　该广大区域，因其中央略偏南北之处为低湿地势所通过，而分为东西两区。西区背倚八所港，其接近海岸部分可供工厂区之用，背后部分，可设置商业及住宅区，俾呈港口或工业都市之形势；东区为低湿地带，其东之高燥地区，南临车站，堪供高楼大厦，街道井然之商业地区之建置，以期行政效率之增进。其接连北方之处，可辟为中等商业地区，俾予四周居民，以日常交易之便。

除贯通南北区之交通干线外，并须设置辅助线，以期交通益臻完备，至广大工场地区内，干线街道之沿线，亦可辟为商业地区，盖仍不失明朗便利之意也。

其二　计划地区面积

军政机关用地	四九三、六〇〇平方公尺
学校及运动场用地	九一八、三〇〇平方公尺
工场用地	五、三〇六、五五〇平方公尺
商业用地	二、五八〇、六〇〇平方公尺
住宅用地	三、二一三、六〇〇平方公尺
未定地	一、一五九、六〇〇平方公尺
合共	一三、六七三、二五〇平方公尺

其他为道路、铁路、起货场、绿地（公园）、排水路等之公共用地，尚未计入。

其三　街道工程之估计

关于主要街道工程，以施工用地之建筑工程为主，余从略。其工程估计表如次：（其一小部分工程，业已兴工者，并未计入）：

工程类	细目	数量	劳工	摘要
道路工	全长	一六四、一〇〇公尺		
	面积	四、五三六、五〇〇平方公尺		
	土方	四五三、六五〇立方公尺	四五三、六五〇人	每一平方公尺平均〇·一立方公尺，输压一次每立方公尺一人

续表

工程类	细目	数　量	劳　工	摘　要
铺装工	面积	四、五三六、五〇〇平方公尺		
	三合土	四五三、六五〇立公方尺		平均厚〇·一公尺，以一：二：四之比率配合之
	水泥	二、九〇三、三六〇袋		每立方公尺用六·四袋
	碎石	四〇八、二八五立方公尺	六、一二四、二七五人	每立方公尺〇·九立方公尺，每立方公尺一人
	净土	二〇四、一四三立方公尺	六一二、四二九人	每立方公尺〇·四五立方公尺，每立方公尺三人
	人工		二、七二一、九〇〇人	每立方公尺六人
排水路工	全长	三二八、二〇〇公尺		两傍分开
	三合土	一七〇、六六四立方公尺		平均断面〇·五二平方公尺 以一：三：六之比率配合之
	水泥	七六七、九八八袋		每立方公尺四·五袋
	碎石	一六〇、四二四立方公尺	二、四〇六、三六〇人	每立方公尺〇·四九立方公尺
	净砂	八〇、二一二立方公尺	二四〇、六三六人	每立方公尺〇·四七立方公尺
	人工		一、〇二三、九八四人	每立方公尺六人

续表

工程类	细目	数量	劳工	摘要
	床壁三合土	三九、三八四立方公尺		平均断面〇·一二平方公尺，以一∶二∶四之比率配合之
	水泥	二五二、〇八五袋		
	碎石	三五、四四六立方公尺	五三、一六九〇人	
	净砂	七、七二三立方公尺	五三、一六九人	
	人工		二三六、三〇四人	每立方公尺六人
	钢骨	六五六吨		每立方公尺三公斤
	模型板	一〇、九四〇立方公尺	一〇九、四〇〇人	使用三次每公尺用〇·一立方公尺，每立方公尺十人（包括钢骨加工在内）
	掘工	二四六、一五〇立方公尺	二四六、一五〇人	平均断面〇·七五平方公尺，每立方公尺一人

其四　主要资材劳工估计表

水泥	三、九二三、四〇六袋（一九六、一七〇吨）
木材	一〇、九四〇立方公尺
铁材	六五六吨
劳工	一四、七五九、九四七人

第五节　榆林第一期都市建设计划

其一　绪论

榆林港在日人占领时代，本指为军港、渔港、商港，故其各种有关重要设施，莫不荟萃于斯，而都市计划，亦以原有地区，本极荒僻，并无何种设施，故其建设，可谓完全按照新订计划，顺利进行，绝无窒碍也。惜以尚未完成而遽中止，接收后，复无人过问，任其摧残，殊可叹也。今榆林之为海军基地，业经国防部海军总司令部决定，且已见诸实施，改制后，以榆林地居本岛南部，位置、地势，均极重要，故其都市复兴，当与海口同时着手也。

其二　都市构成之位置及其区域

三亚、榆林之都市计划，应与港口相依存，固无俟喋喋为也。其中三亚港，可专供军港用，榆林港，可供普通商港用，故新都市之建设，应以利用商港中之榆林港，为其发展之条件，良以该港地势平坦，土地广袤，条件颇为适当故也。至于三亚方面，若指定为广袤之普通市街地区，则终不能认为适当者矣。

夫热带都市之构成，所应特别注意者，厥为市街四围之通风问题，若在热带地区，建设人口稠密、鳞次栉比之大都市，则不惟妨碍通风，且足增高市街地区内部之气温，殊非热带都市所宜有也，且从防空上言之，都市建设，必须预留绿地，采取分散建设之形式，以榆林方面，拥有山岳、河流及盐田等，区域广袤，形势自然之环境，诚将来都市建设之适地也。兹为适应自然地理形势，分为第一、第二、第三期计划，以便次第进行。

关于第一期计划区域，应占榆林港西面之一部，面积计三百九十万平方公尺之地区，在此地区中，人口假定为二万人，该区日人前曾指定为开发公司之建设地区，则嗣后住宅、机关及商店等，似仍可在该区内建筑也。

其三　计划概要

热带都市，以通风蔽日为主要条件，街道之排列，自不容率尔也。平坦地街道之长边，在可能范围内，务使与恒风方向成直角①，俾便夕阳之荫蔽。此地年风向，以北东及东北东之北东系统者为主。至在五月至九月之盛夏时期之五个月间，其风向以北东、北北东及西西南系统者为主，而北东系统之风向，占三九·四％，西西南系统之风向占三一·六％（合计七一％）。

准是以观，于东西线之四十五度，即自北西至东南之角度，俾与主干街道之长边相一致，使之为通风最优之地区，惟一方为荫蔽夕阳之直射计，其街道之长边，应略与东西线相一致，或略向西北倾斜。此二点固为计划时所应注意之点，惟当设计之际，其地形复杂，及由山麓以迄山腰，其夕阳为山峰所荫蔽者，则街道排列，又将随之变更矣。

其四　街道工程之估计

工程类	细目	数量	劳力	摘要
道路工	全长	三三、二六〇公尺		四四、四六〇公尺之内一一、二〇〇公尺已竣工
	面积	五九六、五七〇平方公尺		八二五、八五〇平方公尺内，二二九、二八〇平方公尺已竣工

---

① 原文作"交"，疑误。——编者

续表

工程类	细目	数量	劳力	摘要
	土方	一一九·三一四立方公尺	一一九、三一四人	每平方公尺平均〇·二立方公尺，输压一次每立方公尺一人
铺装工	面积	八二五、八五〇平方公尺		
	三合土	八二、五八五立方公尺		平均厚〇·一公尺，一：二：四之比率配合之
	水泥	五二八、五四四袋		每立方公尺六·四袋
	碎石	七四、三二七立方公尺	一、一一四、九〇五人	每立方公尺〇·九五立方公尺，每立方公尺用十五人
	净砂	三七、一六三立方公尺	一一一、四八九人	每立方公尺〇·四五立方公尺，每立方公尺三人
	人工		四九五、五一〇人	每立方公尺六人
排水路工	全长	八八、九二〇公尺		两傍
	三合土	四六、二三八立方公尺		平均断面〇·五二平方公尺，一：二：四之比率配合之
	水泥	二〇八、〇七一袋		每立方公尺四·五袋
	碎石	四三、四六四立方公尺	六九一、九六〇人	每立方公尺〇·九四立方公尺

续表

工程类	细目	数量	劳力	摘要
排水路工	净砂	二一、七三二立方公尺	六五、一九六人	每立方公尺〇·四七立方公尺
	人工		二七七、四二八人	
	床壁三合土	一〇、六七〇立方公尺		断面〇·一二平方公尺，一：二：四之比率配合之
	水泥	六八、二八八袋		
	碎石	九、六〇三立方公尺	一四四、〇四五人	
	净砂	四、八〇二立方公尺	一四、四〇六人	
	人工		六四、〇二〇人	每立方公尺三人
	钢骨	一七八吨		每立方公尺二公斤
	模型板	二、九六四立方公尺	二九、六四〇人	使用三次，每公尺用〇·一立方公尺，每立方公尺十人（包括钢骨加工在内）
	土方	六六、六九〇立方公尺	六六、六九〇人	平均断面〇·七五平方公尺，每立方公尺一人

其五 主要资材劳工估计表

水泥	八〇四、九〇三袋（四〇、二四五吨）
木材	二、九六四立方公尺
铁材	一七八吨
劳工	三、一五四、六〇二人

其六　事业概略

本岛商港中，其利用价值最大者，莫如榆林港，当日人占领时代，曾将设于三亚港之产业开发事业，及来此创业之公司商店，次第改向榆林港转移，惟因此项公司，与军事方面，仍具密切关系，故与三亚港间，仍保持交通之便利。其第一期事业施行地区，选定以榆林港西岸之第一期甲区地带为主，且为推进事业便利起见，经于民国三十年六月成立榆林第一期都市合作社，从事于甲区之建设，该区且已略具都市规模矣。其填土工程（面积九〇〇万平方公尺）经于三十年八月开始，而于三十一年十二月完成，区内所有主要建筑物，亦经完成，各公司且已开始营业，乙区亦经于民国三十二年着手建设，惟因交通不便，仅将主要营业先行建筑而已。

第六节　榆林第二期都市建设计划

其一　计划概要

本期计划区域，为毗连榆林港之广袤平原，在其平原南北部，多银水流注其间，中部拥有水田，四周围绕山地，地势和缓，无异丘陵，故其全态，殆若原野。东西约五公里，南北约六公里，其中除山地部分，不能利用者外，约计一千七百七十万平方公尺。除将多银水以计划水路用地外，可供利用面积，约计一千六百一十万平方公尺，其中三面环山，地形独立之地带，若供热带都市之建设，务须避免人口过密，而有保留绿地之必要。若以该区中央林木葱茏之丘陵，及相连绵之低地为中心，实设置中央公园之适地也。各处复各设若干小公园，并以排水路为中心，设置防空洞。由榆林中央车站前，至中央广场间，则应计划为主要商业中心地区，其西部、东北部及南部，则划为普通集团之商业区域。主要街道两侧之一部，亦应划为路线商业区域，俾予附近居民以采购之便。且为谋市民身心之慰藉起见，游乐场之设置，亦属必要，拟体察交通及其他环境，分别于东西两部，各为集团游乐场之配置。工业地区可就业经维修改之多银水沿岸，及与榆林港相连接之地带内配置之。至其重工业地区，应就多银水左岸设之，轻工业地区及仓库，则就其右岸设之。官署位置，应以交通便利、环境优美之地区为之。从街道干线言之，环岛公路，可由三亚军事根据地起，东至北部高原，再经第一期计划地区，由中央北上，并在各方建筑一通过中央广场之干线。尔外，美观整齐之街道，并宜设于官署地区之中部。除上项干线外，复按照地形，各为适宜之辅助街道及小型街道之设置。

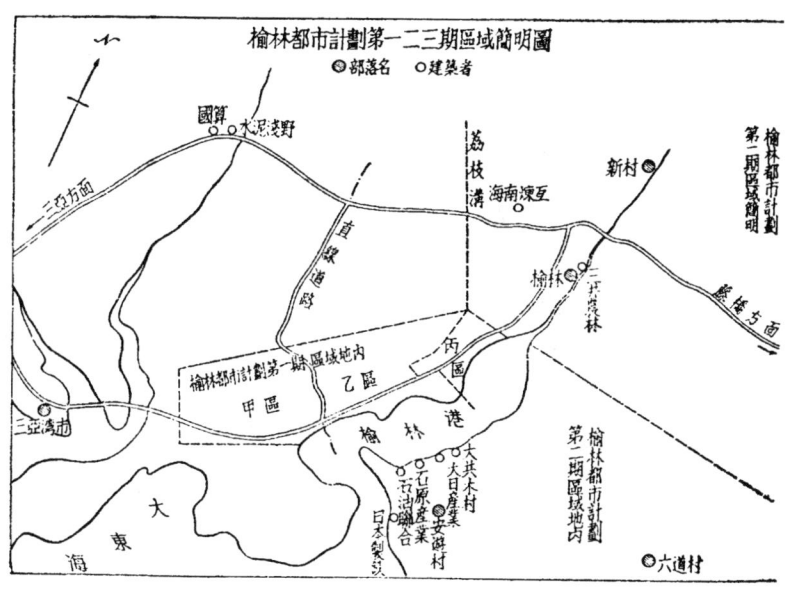

其二　计划地区面积

街路之排水路用地	二、一二八、〇五〇平方公尺
公园用地	一、一二五、五五〇平方公尺
坟墓用地	一七四、一七〇平方公尺
学校用地	四七六、五五〇平方公尺
机关用地	二八三、七二〇平方公尺
其他公共用地	一八六、一二〇平方公尺
以上公用地共	四、五七九、一六〇平方公尺
住宅用地	七、七四四、〇〇〇平方公尺
商业用地	一、〇三〇、九八〇平方公尺
游乐场用地	一二九、六五〇平方公尺
工业用地	二、六二三、七四〇平方公尺
以上民有地共	一一、五二八、三八〇平方公尺
合共	一六、一〇七、五四〇平方公尺

其三　街道工程之估计

工程类	细目	数量	劳工	摘要
道路工	全长	一五〇、七九〇公尺		
	面积	二、五八〇、三五〇平方公尺		
	土方	五一六、〇七〇立方公尺	五一六、〇七〇人	每平方公尺平均〇·二立方公尺，一立方公尺一人

续表

工程类	细目	数量	劳工	摘要
铺装工	面积	二、五八〇、三五〇平方公尺		
	三合土	二五八、〇三五立方公尺		平均厚〇·一公尺，一：二：四之比率配合之
	水泥	一、六五一、一四二四袋		每立方公尺六·四袋
	碎石	二三二、二三二立方公尺	三、四八三、四八〇人	每立方公尺〇·九立方尺，每立方公尺一五人
	净砂	一一六、一一六立方公尺	三四八、三四八人	每立方公尺〇·四五立方公尺，每立方公尺三人
	人工		一、五四八、二一〇人	每立方公尺六人
排水路工	全长	三〇一、二八五公尺		两傍
	三合土	一五六、八二二立方公尺		平均断面〇·五平方公尺，一：三：六之比率配合之
	水泥	七〇五、五九九袋		每立方公尺四·五袋
	碎石	一四七、四一二立方公尺	二、二一一、一八〇人	每立方公尺〇·九四立方公尺
	净砂	七三、七〇六立方公尺	二二一、一一八人	每立方公尺〇·四七立方公尺

续表

工程类	细目	数量	劳工	摘要
	人工		九四〇、九三二人	每立方公尺六人
	床壁三合土	三六、一九一立方公尺		断面〇·一二平方公尺，一：二：四之比率配合之
	水泥	二三一、六一六袋		
	碎石	三二、五七一立方公尺	四八八、五六五人	
	净砂	一六、二八六立方公尺	四八、八五〇人	
	人工		二一七、一四〇人	每立方公尺六人
	钢骨	六〇三吨		每公尺二公斤
	模型板	一〇、〇五三立方公尺	一〇〇、五三〇人	使用三次，一公尺用〇·一立方公尺，每立方公尺十人（包括钢骨加工在内）
	掘工	二二六、一八五立方公尺	二二六、一八五人	平均断面〇·七五平方公尺，每立方公尺一人
桥梁工		五个所		阔二〇公尺者一个，一三公尺者四个；下部三合土，上部丁型钢骨三合土，以一：二：四之比率配合之
	三合土	一三、二〇〇立方公尺		
	水泥	八四、四八〇袋		

续表

工程类	细目	数　量	劳　工	摘　　要
	碎石	一一、八八〇立方公尺	一七、二〇〇人	
	净砂	五、九四〇立方公尺	一七、八二〇人	
	人工		一三二、〇〇〇人	每立方公尺十人
	钢骨	六四〇吨	六、四〇〇人	加工构造每吨十人
	模型板	一、五二〇立方公尺	二二、八〇〇人	每立方公尺十五人

其四　主要资材劳工估计表

水泥	二、六七三、二一九袋（一三三、六六〇吨）
木材	一一、五七三立方公尺
铁材	一、二四三吨
劳工	一〇、七〇七、八三六人

第十四章　结论

　　世称海南与台湾两岛，为我国海上两目。台湾被日本占领五十余年，海南亦经日本沦陷六年有半，八载苦战，胜利来临，始各脱离羁绊，还我祖国。沦陷后人民之痛苦，诚不可以一言尽；人民之损失，亦不可以屈指数也。迨日本无条件投降后，海南岛中央各部接收人员，于三十四年十月中，始各次第到达，敌人所有工厂，及农林事业，如能按照职掌，分别接收，接收后，复各善为运用，继续经营，则日人所有农、工、港湾、电信、交通等各项设施，六亿元资金之代价，亦足失之东隅，收之桑榆，聊补战时公私损失于万一也。惜以办法欠佳，步骤略紊，遂致酿成今日运用为难，损失不赀之局势，诚可叹矣！查海南岛为南方屏障，海军重地，农有农林渔牧之利，工饶矿藏水力之源，故无论观点如何，均有早日开发之必要。尝闻日人谓：台湾之开发五十年，海南则尽其旧规二三十年，即可告一段落；良以海南岛地势优美，其开发建设，以视台湾更易成功故也。惟海南岛孤悬海外，其实际情形，国内人士，不惟沦陷期间，以形势阻隔，完全隔膜，即收复而后，以交通未复，仍不易洞悉，若政府仍任其消长，漠然置之，则海南岛日人原有建设，将于短期间内，损失殆尽，岂不痛哉！心所谓危，不敢默尔，聊贡刍荛，以备采纳！

　　一、省制之确立　海南岛在我国国防上之重要性，几与台湾相埒，且面积相若，仅不足百分之五而已。论其经济价值，自不在台湾之下，果能积极开发，则二三十年后其地位当不难与台湾并驾齐驱也。当台湾在我国统制时代，其财源仍须仰给于中央，迨经日人历年经营，遂一跃而为日本一生命线，盖地居热带之间，环境优良，天赋独厚，善为经营，生产倍蓰故也。海南岛经日人六载经营，已具相当规模，如能按照台湾，改立省制，俾便集中力量，从事开发，则不惟海南一岛之幸，其有造于我国国防经济者，非浅鲜矣！良以日人在占领六载之间，各项建设，得以突飞猛进，规模粗具者，行政之力有以致其然也。日人在海南岛各项行政，皆隶于海南岛海军警备府，其下分设特务、工作、设施、经理等各部，除军政外，所有政治、经济皆属于特务部。特务部分设官房（按即秘书处）及政务、经济、卫生、地政四局，及嘉积、三亚、那大、北黎四支部。官房分两课，分掌人事、会计、庶务等项。政务局分三课，所有民政、教育、外交、情报等行政属之。经济局分设七课，所有农林、工矿、交通、金融、贸易、专卖等行政属也。卫生、地政两局，各设两课，支部由支部长负责。特务部主管长官，称总监，虽属于警备府下，然其阶级与海南岛海军首长并无轩轾，盖俨然军民分治，行政一首长也。其行政事业之猛进，非无故矣。我国接收行政，以各种关系，曾三次改组，三十五年三月中，复改由粤桂闽区敌伪产业处理局，派员来琼，主持敌伪产业处理事宜。窃谓海南岛各项产业接收后，以不善利用，业已损失不赀，似应亟求复业，不容再事观望。盖今日海南岛一切事业之不克照常进行者，实由于各部意见分歧，并无整个有力机构为之策划主持，遂致政出多门，无所适从，故为所有事业积极进行计，惟有建立省制，始能负此重任，不然各项建设，惟有任其损毁，无法补救，岂不痛哉！改制后行政组织，不妨仿照台湾省制，在行政长官之下，分设民政、财政、教育、农林、工矿、交通、警务等各处，以处理之，待各种事业皆有专责，自能各守岗位，努力以赴，不若今日之群龙无首矣。

二、治安之确保　本岛光复后，地方治安日趋恶劣，曾目见沿途交通设备之电杆、桥梁，破坏益烈，曷胜痛心！自国军整编，四十六师他调，改由广东保安团进驻后，以实力更弱，匪势益盛，今且此起彼伏，势如燎原，若不另行部署，恐难即日荡平。流寇猖獗，居民流亡，人民欲求安居乐业而不可得，尚何建设开发之足云哉？故为本岛建设计，首须确保治安。盖地方秩序恢复后，资本家始肯乐于投资，技术家始得安心工作也。若一夕数惊，民不安枕，谁肯冒万险，以生命及资金，作孤注一掷哉？闻改制后，本岛关于军事，可能设置警备司令部，以专司警备及剿匪之职，职有专司，实力复增，则所有跳梁股匪，当不难渐次肃清，而不敢横行无忌也。

三、经费之确定　海南岛建设，日人共用日币六亿元，就中泰半系由政府指定民间投资，所谓国策公司是也。窃谓海南岛改省后，除行政设施及国防建设所需经费，应由国库支给外，所有农工实业，除规模较大者，应由国家投资外，可将日人经营事业，一部交由官商合办，一部全付民间经营，以海南实业基础，业经粗具，民间自必乐于经营，且海南岛人民之往海外经商而积资甚巨之华侨，不可胜数，乡邦事业，自必乐于投资也。至日人在海南岛所存物资之可以变价运用者，方之市价，不亚数千百亿，若以海南岛现存物资，予以变价，尽供本岛建设开发之需，则其成绩在一二年内，亦必斐然可观也。

四、人才之急切　海南岛各项事业，在日人占领时代，其工作人员，即以特务部论，其课长及司政官，共四十五人，技师四十人，技手书记三百三十四人，雇员七百五十四人，共一千一百七十三人。各农业公司职员，计一千八百八十人。所有矿山、港埠职员，犹不与也。迨战事停止，经我国接收后，曾将日本军事及技术人员，予以分别留用，各项部门，约计四千余人。旋所有日俘，由主管机关，纷纷遣送返国，全部只留不及一二百人，各项事业之业经复业，而复呈停顿者，不可胜数，诚国家之大损失也。窃谓日本技术人员之应择优留用一案，业经政府明令饬遵在案，当此本国人才缺乏，不敷应用之际，该项日籍技术人员，自应尽量留用，以应急需。闻台湾方面，留用日本技术人员，虽当初规定，在明年一月内，亦应一律遣送回国，惟以实际需要，已得东京盟军总部同意，准予留用四万余人，嗣后且复更有增加数量之说。窃谓海南岛诚能建省，所有旧日日本技术人员，仍应全部召回，以便驾轻就熟。至国内各大学毕业生之拟来琼工作者，为适应需要计，亦应加以短期训练，俾赴事功。盖日本在海南岛所有调查工作，业已告一段落，除一部资料，以不善保管，业已散佚者外，大部尚可设法罗致，以备参考。惟此项资料，皆属日文，各大学毕业生，对于日文，以素未注意，如不略加训练，自难浏览无阻。他如民族、语言、交通、风土、气候等问题，初来斯土，亦应略加指示，始能次第了解，盖为增加工作效率计，不得不尔者也。至台湾技术人员之失业而流落海外者，亦不胜枚举，是项人才以旅琼较久，语言已通，且刻苦耐劳精神，尤足多者，允宜分别安插，以应急需。至中级干部人才，应由中央或地方行政机关，设立农、工、商、水产等各项职业学校，以便人才之作育，比各事业机关，以需才恐急，各有短期训练班之设立，以为低级人才之培育，抑亦应急之一道也。

五、移民之实施 海南岛地广人稀，以劳力不敷，沃壤膏腴之尚付荒芜者，不可胜数。查本岛土地足资利用，而尚未开垦之灌木林及草原地，其面积共计一百五十万公顷，就中除草原地地力瘠薄，仅堪一部利用外，所有灌木林地，莫不土质优美，适于各种作物之栽植。其距海岸较远，接近山地之处，以雨量较富，植物生长尤为适宜，果能利用编余官兵，从事垦殖，则不惟百战功高之官兵，得一归宿之所，即地广人稀之沃野，得一合理之利用也。查本岛人口，仅有二百五十万人，虽一倍之，增为五百万，密度仍不甚大。盖台湾在停战以前，人口共有七百万人也。查本岛现有耕地面积，共计三十万公顷，即四百五十万亩，分配于全人口二百五十万人，每人可得耕地一·〇八亩。若将可垦之地一百五十万公顷，尽予开垦，合以原有耕地分配于五百万人，则每人可得五·〇一亩。耕地扩充，并利用新式农具（善后救济总署可以分配牵引机一百架来琼）后，不惟生产增加，且复劳力节省，则农民生活，当不致终岁勤劳，不得一饱也。日人在三亚附近，曾有移民实验新村之设立（原名六乡村，今改向华村），组织颇为严密；日人返国后，是项建设，闻已破坏不堪，如能即供编余或荣誉官兵移民利用之需，诚可备我今后移民实施借镜用也。

以上各点，虽略有轻重缓急之分，然皆为海南岛建设前途，亟待解决之要点，无疑义也。改制如能早日决定，则全岛事业，不分国营省营，全由各主管便宜处理，俾收事半功倍之效。海南岛建设事业之进行，时机已迫，决不容再事踌躇；若仍犹豫不决，彷徨歧途，则残破不堪之原有事业，旦旦伐之，势将化为乌有。盖待设备毁灭后，若欲从事建设，势将重起炉灶；重起炉灶，需费浩繁，虽欲复兴，不易言也。故曰：海南岛建设之前提，仍在"改制"，"改制"后，事权始能统一，不然群龙无首，政出多门，虽欲建设，不可得矣。

本书著者所有著作及有关海南岛问题论文

部定大学用书 《造林学原论》（正中书局）

大学丛书 《造园学概论》（商务印书馆）

市政丛书 《都市与公园论》（商务印书馆）

百科小丛书 《造林要义》（商务印书馆）

百科小丛书 《观赏树木》（商务印书馆）

《欧美林业教育概观》（商务印书馆）

《海南岛资源之开发》（正中书局）

《海南岛新志》（商务印书馆）

《热带林业》（待梓）

《海南岛农民救济与农业建设》（重庆益世报及海南岛民国日报）

《海南岛农业开发之检讨》（东方杂志及广州大光报）

《海南岛林业开发之检讨》（东方杂志及广州大光报）

《海南岛渔业开发之检讨》（东方杂志及广州大光报）

《海南岛牧业开发之检讨》（东方杂志及广州大光报）

《海南岛建设前途之瞻望》（东方杂志及南京"中央"日报）

《海南岛之农业》（申论周刊）

《海南岛之林业》（申论周刊）

《海南岛之渔业》（申论周刊）

《海南岛之牧业》（申论周刊）

《论海南岛建省问题》（申论周刊）

《海南岛食粮问题解决之途径》（东方杂志及香港星岛日报）

图书在版编目（CIP）数据

海南岛资源之开发 / 陈植著. —海口：海南出版社，2017.2
（琼崖文库 / 韩少功主编）
ISBN 978-7-5443-7071-4

Ⅰ.①海… Ⅱ.①陈… Ⅲ.①岛—海洋资源—资源开发—海南 Ⅳ.① P74

中国版本图书馆 CIP 数据核字 (2017) 第 005953 号

海南岛资源之开发

编著者	陈　植
责任编辑	刘　逸　熊　果
特约编辑	甄翊灵
责任印制	符燕梅
印刷装订	湛江南华印务有限公司
读者服务	武　铠
出版发行	海南出版社
地　　址	海口市金盘开发区建设三横路 2 号
邮　　编	570216
电　　话	0898–68567077
网　　址	http://www.hncbs.cn
经　　销	全国新华书店经销
出版日期	2017 年 2 月第 1 版　2017 年 2 月第 1 次印刷
开　　本	640mm × 960mm　1/16
印　　张	21
字　　数	238 千
书　　号	ISBN 978-7-5443-7071-4
定　　价	88.00 元

【版权所有　请勿翻印、转载，违者必究】
如有缺页、破损、倒装等印装质量问题，请寄回本社更换